Denkspiele für kleine Pfoten

100 artgerechte Hundespiele für
Welpen & Junghunde
Für eine glückliche und gesunde Hunde-Entwicklung

Inkl. 10 Denkspiele für willensstarke Hunde

Miriam Sommer

Ausgabe 1, 2023

ISBN: 978-3-9824677-7-1

Aus Gründen der besseren Lesbarkeit verwenden wir die männliche Form (generisches Maskulinum), z. B. „der Hund". Wir meinen immer alle Geschlechter im Sinne der Gleichbehandlung. Die verkürzte Sprachform beinhaltet keine Wertung.

Inhaltsverzeichnis

„Gib den Menschen einen Hund
und seine Seele wird gesund"

- Hildegard von Bingen, Benediktinerin & Dichterin -

Einleitung

Lieber Welpenneuling,

Eine spannende Zeit steht Ihnen bevor. Schon bald werden kleine tapsige Pfoten die Welt in Ihrem Zuhause erkunden. Dieser Ratgeber ist wie geschaffen dafür, Sie auf diese neue Herausforderung vorzubereiten. Wenn das Hundebaby bereits bei Ihnen eingezogen ist, dann herzlichen Glückwunsch! Sie werden viel Freude mit Ihrem Neuankömmling haben und dieses Buch wird Sie Schritt für Schritt durch die oftmals verwirrende Welt der Hundeerziehung führen.

Hunde werden nicht grundlos als der beste Freund des Menschen bezeichnet und können eine große Bereicherung für die ganze Familie sein. Vor allem wenn die Familie am selben Strang zieht, wird Ihr neuer Hund Sie wachsen lassen und Sie werden viele gemeinsame Abenteuer erleben, die unvergesslich sein werden.

Doch diese Bereicherung bringt auch eine Menge Verantwortung mit sich. Entscheiden Sie sich für einen Welpen, müssen diese erst lernen, sich in der großen, weiten Welt zurechtzufinden. Das Hundebaby ist am Anfang logischerweise noch nicht stubenrein und das ein oder andere Malheur wird passieren. Wichtig ist, Ruhe in jeder Situation zu bewahren und sich bewusst zu machen, dass Sie der geduldige Lehrmeister Ihres Hundes sein müssen. Hunde kommen nicht perfekt erzogen auf die Welt; sie müssen erst lernen, was wir von ihnen erwarten. Daher ist es so wichtig, von Beginn an auf freundliche Weise konsequent mit Ihrem Welpen umzugehen.

Unterschiedliche Entwicklungsphasen machen die Welpenzeit sehr aufregend und auch anstrengend. Neben spannenden

Abenteuern, lustigen Erlebnissen und Momenten voller Liebe wird es auch Momente geben, in denen sich Frust und Ärger bei Ihnen breitmachen.

Ihr Tagesablauf wird – vor allem zu Beginn – nicht mehr derselbe sein. Sie werden Ihre Freizeitaktivitäten anders planen müssen und auch spontan in den Urlaub zu fahren, wird sich nicht mehr so einfach machen lassen. Wenn Sie sich jedoch vorher intensiv mit diesen Themen und der Entwicklung und Erziehung eines Hundes auseinandersetzen, werden Sie schon zuvor Lösungen für etwaige Probleme finden.

Neben der Förderung und Entwicklung der Impulskontrolle und Frustrationstoleranz Ihres Hundes ist es wichtig, Ihren Welpen geistig zu fördern, ohne ihn zu überfordern. Dies ist besonders wichtig, damit er ein gutes Selbstbewusstsein entwickelt und sich traut, auch selbstständig Neues auszuprobieren.

Dieser Ratgeber unterstützt Sie dabei, Ihren Vierbeiner zu einem cleveren und selbstbewussten Hund zu erziehen. Für ein stressfreies und entspanntes Zusammenleben ist körperliche und geistige Fitness für Ihren Hund genauso essenziell wie für Sie selbst. In diesem Buch finden Sie eine große Auswahl an Aktivitäten, mit denen Sie Ihren Hund körperlich und geistig herausfordern können.

Bei den ausgewählten **Spielen, Aktivitäten und Trainingseinheiten** liegt der Fokus speziell darauf, den Hund altersgerecht zu fördern und seine Denkleistung zu beanspruchen. Neben den Basics wie Grundgehorsam, Aufmerksamkeitsübungen und Impulskontrollübungen finden Sie hier vor allem eines: Übungen, die Ihnen und Ihrem Hund viel Freude bereiten werden. Egal ob ausgefuchste Suchspiele oder Tricks, die Ihnen den Alltag und das Zusammenleben erleichtern – hier ist für jeden etwas dabei. Spielerisch lernen Hunde bekanntlich am besten und Denkspiele sind eine besondere Art des Spielens, bei denen Ihr Hund seinen Kopf einsetzen muss.

Mit einer großen Portion Humor und Gelassenheit im Training wird es schnell erste Erfolge geben, die den Ehrgeiz bei Ihnen und vor allem bei Ihrem Hund wecken werden. Aber Ihr Hund wird nicht nur adäquat ausgelastet, sondern Sie wachsen als Bonus noch zu einem unschlagbaren Team zusammen. Denn nichts stärkt die Bindung so sehr wie gemeinsames Training.

Die Übungen in diesem Ratgeber sind besonders auf Welpen und Junghunde ausgelegt, um diese von Beginn an optimal in ihrer Entwicklung zu unterstützen.

ABER: Der Spruch „Was Hänschen nicht lernt, lernt Hans nimmermehr" ist schon lange überholt. Hunde lernen andauernd und das hat nichts mit dem Alter zu tun. Im Gegenteil – auch ein Senior freut sich über ein wenig Gehirnjogging. So erhalten Sie nützliche Hundeerziehungstricks, mit denen garantiert weder bei Ihnen noch bei Ihrem Hund jemals Langeweile einkehrt.

Sie werden erstaunt sein, wie schnell Ihr Hund Fortschritte macht und auch schwierige Aufgaben mit Spaß und Bravour bewältigt. In weiterer Folge wird sein Selbstbewusstsein gestärkt und er wächst zu einem selbstsicheren und neugierigen Hund heran.

Hundert ausgewählte Übungen bringen Schwung in Ihren Alltag, fördern die Intelligenz Ihres neuen besten Freundes und sorgen für ein stressfreies und entspanntes Zusammenleben zwischen Hund und Mensch.

~ Kapitel 1 ~

Was Sie vor dem Training wissen sollten

Sicher können Sie es kaum erwarten, sich Ihren Liebling zu schnappen und direkt mit den Übungen zu beginnen. In diesem Kapitel haben wir vorab noch einige wissenswerte Informationen für das Training zusammengefasst. Denkspiele sollten Ihren Hund sein Leben lang begleiten; für genügend Abwechslung sorgt dieses Buch auf jeden Fall. Den Altersangaben der einzelnen Übungen entnehmen Sie das beste Alter, um eine Aktivität einzuführen. Nach oben hin sind hierbei keine Grenzen gesetzt; alle Übungen aus diesem Buch können auch mit ausgewachsenen Hunden praktiziert werden.

1.1 Wofür sind Denkspiele gut?

Sicher wissen Sie bereits, dass es nicht ausreicht, ihren Hund körperlich auszulasten. Auch wenn Bewegung ein wichtiger Punkt für das Wohlbefinden Ihres Vierbeiners ist, sollte dessen mentale Fitness nicht in Vergessenheit geraten. Mangelt es einem Hund an geistiger Auslastung, kann dieser Mangel schnell in Frust umschlagen. Viele Verhaltensprobleme ließen sich später vermeiden, wenn man bereits den Welpen an gewisse Dinge heranführen würde.

Wird dem Hund nicht beigebracht, wie er sich in gewissen Situationen verhalten soll und wird er geistig nicht gefördert, kann es dazu führen, dass er sich Alternativbeschäftigungen sucht. Mögliche Verhaltensprobleme können sich darin äußern, dass er Dinge zerstört, Schwierigkeiten damit hat, allein zu bleiben und sich zu entspannen.

Bei Denkspielen handelt es sich um Spiele, bei denen Ihr Hund aktiv überlegen und Informationen kombinieren muss, um ein gewünschtes Ergebnis zu erzielen. Aus diesem Grund werden sie auch als Intelligenzspiele bezeichnet. Sie fördern die Intelligenz und das Denkvermögen Ihres Hundes.

Gemeinsames Spielen stärkt außerdem die Bindung zwischen Ihnen und Ihrer Fellnase und festigt das gegenseitige Vertrauen. Experten sind sich einig, dass die mentale Förderung von Hunden in vielen Fällen vernachlässigt wird. Dabei können regelmäßige Denkspiele das Verhalten Ihres Hundes, seine eigene Wahrnehmung und den Umgang mit Ihnen als Halter grundlegend verändern. So konnten folgende Effekte bei Hunden beobachtet werden, die regelmäßig mit Denkspielen geistig stimuliert wurden:

- **Stärkung des Selbstbewusstseins:** Besonders ängstliche, unsichere und zurückhaltende Hunde profitieren von positiven Erfolgen bei Denkspielen. Sie lernen, auf sich und ihre Fähigkeiten zu vertrauen und blühen regelrecht auf.
- **Überwindung von Ängsten:** Objektscheue Hunde, also Hunde mit Angst vor bestimmten Dingen und Gegenständen oder Situationen, werden offener für neue Erfahrungen und können durch Denkspiele sanft an unbekannte Reize herangeführt werden.
- **Verbesserung der Kommunikation:** Durch den Einsatz von Denkspielen erfahren auch wagemutige Hunde gezielt Grenzen. Durch das Stärken der Aufmerksamkeit und intensives Zusammenarbeiten verbessert sich die Kommunikation zwischen Hund und Mensch beinahe automatisch.
- **Förderung des besonnenen Handelns:** Durch Denkspiele erfährt Ihr Hund bereits im jungen Alter auf spielerische Weise, dass eine ruhige und konzentrierte Vorgehensweise zielführender ist als hektisches und impulsives Handeln.

1.2 Denkspiele für Welpen: Was gilt es zu beachten?

Neuhundehalter machen häufig den Fehler, ihrem Hund alles auf einmal beibringen zu wollen, um ihn optimal zu fördern. Gerade bei Welpen sollte jedoch bedacht werden, dass diese verschiedene Phasen durchlaufen und erst einmal ihr neues Zuhause und die Umgebung kennenlernen müssen. Auch wenn viele Übungen in diesem Buch auf Welpen ausgelegt sind, ist es keinesfalls das Ziel, alle auf einmal durchzuführen. Dies würde Ihren Welpen überfordern und das Gegenteilige von dem bezwecken, was Sie eigentlich erreichen wollen.

Im Folgenden schauen wir uns die Entwicklung eines Welpen genauer an.

1.2.1 Die Sozialisierungsphase und erste Angstphase

Eine der wichtigsten und sensibelsten Phasen der Sozialisierung findet statt, wenn der Welpe noch beim Züchter ist, nämlich zwischen der **dritten** und **fünften** Lebenswoche. Es ist daher von hoher Wichtigkeit, dass der Züchter die Bedürfnisse seiner Welpen kennt und sie schon vorausschauend auf das Leben vorbereitet. In dieser Phase sind Welpen allem gegenüber extrem aufgeschlossen. Aus diesem Grund sollte ein guter Züchter sie bereits jetzt mit Dingen, mit denen sie im späteren Leben Kontakt haben, bekannt machen.

Zwischen der **achten** und der **zwölften Lebenswoche** zieht der Welpe in sein neues Zuhause und die sogenannte **Sozialisierungsphase** beginnt. In dieser Zeit sind Hunde extrem aufnahmefähig, aber sie sind eher vorsichtig und nicht mehr so angstfrei wie noch in der Zeit bis zur achten Lebenswoche.

Gerade jetzt ist es wichtig zu unterscheiden: Wo hört Förderung auf und wo beginnt Überforderung? Für ein optimales Training müssen Sie herausfinden, welches Maß an Förderung und Zuwendung Ihrem Welpen guttut.

Im Fokus der Sozialisierungsphase steht das Kennenlernen von Artgenossen, Menschen der gewohnten und auch von unbekannten Umgebungen. In dieser Zeit sollten möglichst viele positive Erfahrungen gesammelt werden, da sich diese im Gehirn des Hundes verankern, neue Nervenbahnen bilden und ihn für den Rest seines Lebens prägen. Im weiteren Verlauf seines Hundelebens kann er dann auf die gemachten Erfahrungen ohne Angst zurückgreifen.

Nachdem sich ihr Hund im neuen Zuhause eingelebt hat, sollten Sie mit dem Training der Stubenreinheit beginnen und ihn an diverse Alltagsreize gewöhnen. Wie Sie sehen, passiert im Leben eines Welpen schon so einiges, bevor Sie überhaupt mit gezielten Denkspielen beginnen.

Neugier und Lernen stehen hier für den Welpen im Vordergrund. Während der Sozialisierungsphase lernen Hunde schneller und leichter, weshalb diese den perfekten Einstieg für das spätere Training bietet.

Folgende Dinge sollte Ihr Hund in der Sozialisierungsphase kennenlernen:

- Stubenreinheit
- Behutsames Kennenlernen von Kindern
- Gewöhnen an Leine, Halsband und Geschirr
- Kurze Spaziergänge
- Heranführen an das Alleinebleiben
- Tierarztpraxis
- Fahren mit dem Auto oder mit öffentlichen Verkehrsmitteln

- Sozialkontakte zu Artgenossen, Menschen und anderen Tieren
- Gewöhnen an sich bewegende Objekte (Jogger, Radfahrer, Autos etc.)
- Gewöhnen an verschiedene Untergründe (Asphalt, Wiese, Schotterwege etc.)

Es ist wichtig, dass der Hund in dieser Phase viele Hunderassen kennenlernt. Sie alle sehen unterschiedlich aus und je mehr andere Hunde in allen Farben und Formen der Welpe jetzt kennenlernt, desto leichter tut er sich damit, deren Mimik und Gestik einzuordnen. Auch Menschen, die körperliche Beeinträchtigungen aufweisen und Menschen, die Hüte tragen, sollte er jetzt kennenlernen, damit er sie gleich positiv abspeichert.

Für den Einstieg eignen sich Denkspiele, die nicht allzu komplex sind, dafür aber beliebig ausgeweitet werden können. Einfache Leckerli-Suchspiele und Aufmerksamkeitsübungen können sanft nach draußen verlagert werden. Außerdem können Sie Gegenstände wie Regenschirme und Ähnliches in die Übungen einbauen, sodass Ihr Hund mit diesen vertraut wird. Zusätzlich bietet es sich an, mit den ersten Übungen zum Grundgehorsam zu beginnen. Besonders die Übungen in **Kapitel 3.1** bieten einen tollen Einstieg und sind für die weitere Erziehung von hoher Relevanz.

Parallel zur Sozialisierungsphase findet in **Lebenswoche 8** bis **12** die **erste Angstphase** statt. Diese hat zur Folge, dass der Hund vorsichtiger und ängstlicher auf neue Reize reagiert, weshalb Sie bei der Sozialisierung und dem Einführen neuer Übungen besonders sensibel vorgehen müssen.

1.2.2 Was Sie außerdem wissen müssen

Bedürfnis nach Ruhe und Schlaf

Nur ein ausgeruhter Hund kann sich im Training konzentrieren und kooperieren. Während des Trainings mit einem Welpen sollten Sie dringend Ruhezeiten einführen und das Bedürfnis Ihres Hundes nach Rückzug respektieren. Ein Welpe im Alter von acht bis zwölf Wochen schläft in der Regel etwa 20 bis 22 Stunden am Tag. Viele fremde Reize und neue Umgebungen können dieses Bedürfnis nach Ruhe und Schlaf noch einmal stark befeuern. Außerdem haben Studien ergeben, dass Hunde im Schlaf ihr Gedächtnis festigen. Sie verarbeiten neue Eindrücke und können das Gelernte dann im Wachzustand besser umsetzen.

Tipp: Gestalten Sie Ihrem Welpen eine Ruheecke, in welche er sich ganz nach Belieben zurückziehen kann. Besonders geeignet sind abgedunkelte Höhlen mit weichem Untergrund. Bauen Sie die Ruheecke positiv auf und machen Sie sie Ihrem Hund schmackhaft, indem Sie ihm dort immer wieder etwas Leckeres, wie zum Beispiel einen Kong, servieren. Nutzen Sie Ruheecken niemals als Strafe, indem Sie Ihren Hund in „seine Ecke" schicken!

Lob anstatt Strafe

Die Erziehung eines Welpen sollte ausschließlich auf positive Art und Weise erfolgen. Das Belohnen mit Leckerli oder Streicheleinheiten verstärkt den Lernerfolg positiv und sogt zusätzlich für eine starke Bindung zwischen Mensch und Hund. Wird der Hund in den ersten Lebenswochen hingegen gemaßregelt oder bestraft, bedeutet dies eine Schädigung des Vertrauens in den Menschen und kann sich negativ im Gehirn des Hundes verankern. Das bedeutet nicht, dass Ihr Hund keine Grenzen erfährt, jedoch sollte die Erziehung stets konsequent und auf liebevolle Art erfolgen.

Kurze Spaziergänge
Auch wenn es Ihnen sicher ein Bedürfnis ist, Ihrem neuen Freund die ganze Welt zu zeigen, sollten Sie darauf achten, Ihren Welpen nicht zu überanstrengen. Knochen, Knorpel und Muskeln befinden sich noch im Aufbau und sollten nicht überstrapaziert werden. Als Faustregel galt lange: Pro Lebensmonat des Welpen sind fünf Minuten Bewegung erlaubt. Auch wenn diese Aussage bereits als überholt gilt, sollten Sie Ihrem Hund ausreichend Pausen gönnen. Auch Sprünge sollten dringend vermieden werden, damit sich die Muskulatur ungestört ausbilden kann. Mit Sprügen ab Ellenbogenhöhe sollten Sie frühestens mit dem vollendeten ersten Lebensjahr beginnen.

1.3 Denkspiele für Junghunde:

Was gilt es zu beachten?
Mit Beginn der 18. Lebenswoche wird Ihr Welpe zum Junghund. Von nun an werden im Gehirn Ihres Hundes neue Synapsen und Vernetzungen gebildet und die Hunde werden lernwillig und aufständisch zugleich.

Spätestens jetzt sollten Sie beginnen, Ihren Hund auf die Verhaltensweisen zu prägen, die Sie in Zukunft von ihm erwarten. In diesem Alter bietet sich intensives Training an und auch das Einführen von komplexen und herausfordernden Übungen kann beginnen.

Innerhalb des vierten und zehnten Lebensmonats findet die sogenannte **zweite Angstphase** statt. Dieses hält etwa **drei Wochen** an und äußert sich ähnlich wie die erste Angstphase im Welpenalter. Ihnen wird auffallen, dass Ihr Hund ängstlicher auf unbekannte, aber auch auf bereits bekannte Reize reagiert. Erneut ist ein sensibles Vorgehen Ihrerseits gefragt, denn Situationen, die Ihrem Hund in dieser Phase Angst machen, prägen sich hartnäckig bei ihm ein. Sorgen Sie mit einem souveränen Auftreten und einer sanften Vorgehensweise dafür, dass ihr Hund sich in solchen Situationen wohlfühlt.

1.3.1 Pubertät

Etwa ab dem **siebten Lebensmonat** beginnt bei Ihrem Vierbeiner die **Pubertät**. Die Hündin wird das erste Mal läufig, die meisten Rüden beginnen damit, das Bein zu heben. Dies kann man aber nicht pauschal verallgemeinern, denn der Beginn und die Dauer der Pubertät variieren von Rasse zu Rasse. Manche Hunderassen sind sehr früh entwickelt, andere eher Spätentwickler. Durch die aktivierten Geschlechtshormone ist das Gehirn Ihres Hundes nun eine einzige Baustelle und es kann den Anschein machen, dass er Dinge, die er bereits gelernt hat, plötzlich wieder vergessen hat. Viele Hundehalter erkennen Ihren Hund von einem auf den anderen Tag nicht wieder und fragen sich, was sie falsch gemacht haben.

Ihr Hund beginnt, seine Umwelt selbstbewusster zu erforschen und seine Grenzen auszutesten. Folgende Merkmale kennzeichnen die Pubertät bei Hunden:

- Das Markierverhalten wird intensiver.
- Die Hunde etablieren selbst belohnendes Verhalten wie Anspringen, Bellen oder auch Jagen.
- Auftreten von Verhaltensproblemen wie dem Nachjagen sich bewegender Objekte (Radfahrer, Autos etc.).
- Die Hunde zeigen höhere Maulaktivität; sie haben also ein erhöhtes Interesse, an Sachen zu kauen.
- Sie beginnen, Ressourcen für sich zu beanspruchen und können zu Revierverhalten und Futterneid neigen.
- Sie sind schnell gestresst und überfordert.

Wie Sie sehen, werden Sie während der Pubertät Ihres Hundes vor allem Geduld und Verständnis benötigen. Es ist wichtig, dass Sie liebevoll, aber konsequent handeln und Ihrem Hund durch Regeln und Rituale einen klaren Rahmen bieten.

Jetzt ist ein guter Zeitpunkt, Denkspiele intensiv in den Alltag zu integrieren, um Ihren heranwachsenden Hund angemessen auszulasten und zu fördern. Außerdem können Sie durch Intelligenzspiele und Denksportaufgaben die Bindung zwischen Ihnen und Ihrem Hund stärken. Und eine gute Bindung kann bei einem Teenager Gold wert sein! Bei der Wahl der Übungen sollten Sie sich nach dem Können und möglichen Baustellen Ihres Hundes richten. Grundsätzlich eignen sich für Junghunde vorrangig folgende Übungen:

- Ruhe- und Entspannungsübungen
- Impulskontrollübungen
- Gehorsamkeitstraining
- Bindungsaufbau
- Generelle Auslastung durch Denksport
- Nasenarbeit – zahlreiche Übungen hierzu finden Sie in **Kapitel 3.2**.
- Bei gesteigerter Jagdmotivation empfehlen sich alterntive Beschäftigungsmethoden sowie gezieltes Antijagdtraining. Passende Übungen hierzu finden Sie in **Kapitel 3.5.1**.

1.4 Für welche Rassen sind Denkspiele geeignet?

Grundsätzlich sind Denkspiele für jede Hunderasse geeignet und sollten dringend mit jeder Art von Hund praktiziert werden. Dennoch gibt es einige **rassebedingte Unterschiede**. Neben diesen hängt es ebenso vom Charakter Ihres Hundes ab, wie gut ihm Intelligenzspiele gelingen und wie anspruchsvoll er ist. Es gibt

Hunde, die mehr geistige Auslastung benötigen und einfordern als andere. Intelligenzspiele sollten an das Können und die Interessen Ihres Hundes angepasst werden.

1.4.1 Welche Rassen gelten als besonders schlau?

Intelligenz bei Hunden lässt sich bei Weitem nicht so leicht messen wie beim Menschen. Es liegt eher im Auge des Betrachters, ob ein Hund als schlau definiert wird. Der amerikanische Psychologieprofessor Prof. Stanley Coren, der die geistige Intelligenz von Hunden erforscht, definiert jene Vierbeiner als schlau, die ein neues Kommando besonders schnell lernen. So gilt ein Hund als intelligent, wenn er zum Erlernen eines neuen Kommandos maximal **fünf Wiederholungen** benötigt und zumindest zu 95°% gehorcht. Allerdings besitzt jeder Hund genetisch bedingt individuelle Fähigkeiten und Veranlagungen. Außerdem spielen die Bindung und die Gefühlslage des Besitzers eine große Rolle, also die sozialen Fähigkeiten eines Hundes.

Anhand verschiedener Bewertungen und Kriterien zeigten sich die zehn folgenden Hunderassen als besonders intelligent:

- Border Collie
- Pudel
- Deutscher Schäferhund
- Golden Retriever
- Dobermann
- Sheltie
- Labrador
- Papillon
- Rottweiler
- Australien Cattle Dog

~ Kapitel 2 ~

Typische Fehler und häufig gestellte Fragen

Eine gute Vorbereitung ist unumgänglich, wenn es um Hundetraining jeglicher Art geht. In diesem Kapitel haben wir typische Fehler und häufig gestellte Fragen zum Denksport mit Hunden zusammengefasst, um Sie optimal auf die Übungen in diesem Buch vorzubereiten.

2.1 Typische Fehler im Hundetraining

Folgende Dinge sollten Sie im Hundetraining vermeiden:

- Zu hohe Erwartungen und Überforderung

Oft neigen Menschen dazu, zu viel von ihren Vierbeinern zu erwarten. Vielleicht fehlt es Ihnen an Geduld oder Sie vergleichen sich mit anderen Hundehaltern, deren Vierbeiner scheinbar perfekt zu funktionieren scheint. Vielleicht vergleichen Sie Ihre Fellnase ja sogar mit Lassie aus dem bekannten Hollywoodstreifen. Jeder Hund bringt andere Voraussetzungen mit, an welche Sie Ihre Erwartungen anpassen sollten. Machen Sie den Realitätscheck: Was ist Ihnen wirklich wichtig? Was benötigen Sie für ein harmonisches Zusammenleben mit Ihrem Hund? Setzen Sie sich klare und vor allem erreichbare Ziele und gehen Sie einen Schritt nach dem anderen.

Besonders junge Hunde sind schnell überfordert, wenn die Trainingseinheiten zu lang sind oder wenn zu viele neue Kommandos auf einmal gelernt werden sollen. Welpen können sich nur für eine kurze Zeit konzentrieren; viele Übungen in diesem Buch helfen Ihnen, diese Konzentrationsfähigkeit auszubauen. Überfordern Sie Ihren Hund, zerstören Sie schnell die Lernfreude und der Trainingsstand stagniert oder ist sogar rückläufig. Sorgen Sie daher immer für ausreichend Pausen.

Folgende Merkmale sind Anzeichen für **Überforderung**:

- Allgemeine Unruhe, auf der Stelle tippeln
- Häufiges Gähnen, Schütteln, Kratzen oder Lecken
- In die Leine beißen
- Hund verweigert Kooperation
- Hund lässt sich nicht zum Spielen animieren
- Hund nimmt im Training keine Leckerlies an
- Hund hechelt stark
- Hund legt sich hin und möchte nicht mehr weiterarbeiten
- Hund gibt Lautäußerungen von sich wie Bellen, Jammern, Fiepen

Sorgen Sie gerade bei sensiblen Hunden für eine ruhige Lernumgebung, wenn Sie neue Übungen beginnen. Beginnen Sie mit den Übungen am besten immer bei sich zuhause und weiten Sie die Örtlichkeit aus, sobald ihr Hund die diese dort gut beherrscht.

Ihr Hund sollte ausgeruht und körperlich nicht vollkommen unausgelastet sein. So gewährleisten Sie, dass er ausreichend Konzentration aufbringen kann.

➢ <u>Lob ohne Belohnung</u>

Ein weiterer häufiger Fehler im Hundetraining ist das Loben, ohne eine Belohnung folgen zu lassen. Ziehen wir an dieser Stelle den bewährten Vergleich zum Bankkonto: Je häufiger man einzahlt, desto öfter kann man auch etwas abheben. Es ist also durchaus in Ordnung, Ihren Hund gelegentlich nur verbal zu loben, solange dies nicht überhandnimmt. Denn in diesem Fall kann es passieren, dass die Motivation Ihres Hundes nachlässt und Kommandos nicht mehr wie gewünscht ausgeführt werden.

Dennoch sollten Sie, gerade wenn ein Kommando schon gut sitzt, die Belohnungsabstände etwas erhöhen.

- Zu frühes Einführen eines Kommandos

Wie Sie in den folgenden Übungen sehen werden, empfiehlt es sich, dem Hund eine Aktivität erst näherzubringen, bevor man ein Kommando einführt. Häufig neigt man dazu, das Signal bereits zu Beginn des Trainings zu verwenden, wenn der Hund noch gar keine Ahnung vom Zielverhalten hat. Das Wort wird regelrecht abgenutzt und verliert für den Hund an Bedeutung, was es wiederum erschwert, das Signal zu festigen.

- Alltag und Training trennen

Behalten Sie immer im Hinterkopf, dass Ihr Hund nicht unterscheidet, ob er sich gerade in einer Trainingssituation oder im Alltag befindet. Hunde lernen immer. Bauen Sie das Training in Ihren Alltag ein, besonders wenn es um Gehorsamkeitsübungen geht. Andernfalls wird Ihr Hund schnell lernen, dass Gehorsam nur in künstlichen Trainingssituationen erwartet wird. Das sorgt dafür, dass die notwendige Generalisierung nicht einsetzt. Diese sorgt dafür, dass Ihr Hund erwünschtes Verhalten unabhängig von Ort und Räumlichkeit zeigt.

2.2 Häufige Fragen

Ab wann sollte ich mit Denkspielen beginnen?

Die geistige Entwicklung eines Hundes beginnt mit, beziehungsweise sogar schon vor, der Geburt. Hunde lernen ihr Leben lang, weshalb es Sinn ergibt, von Beginn an Denkspiele und Intelligenztraining in den Alltag einzubauen. Junge Hunde lernen besonders schnell; diese Tatsache sollten Sie sich zum Vorteil machen.

Wann ist die beste Zeit für Training?

Egal ob Sie Denkspiele mit Ihrem Hund machen oder am Grundgehorsam arbeiten wollen, die besten Voraussetzungen für das Training sind eine ruhige Atmosphäre und ein ausgeglichener Hund. Auch Sie selbst sollten möglichst gelassen sein, da sich Stress auf Ihren Hund überträgt und die Trainingssituation negativ beeinflusst. Wenn Sie oder Ihr Hund einen schlechten Tag haben, sollten Sie von intensivem Training absehen. Entscheiden Sie sich stattdessen für einfache, dem Hund bereits bekannte Übungen oder lassen Sie das Training für einen Tag komplett ausfallen.

Die Trainingsdauer sollte zu Beginn – je nach Alter – etwa bei fünf bis zwanzig Minuten liegen. Training ist Arbeit für Ihren Hund, weshalb besonders junge Hunde schnell an ihre Grenzen gelangen.

Wieso kann sich mein Hund manchmal konzentrieren und manchmal nicht?

Es ist wichtig zu wissen, dass Hunde situations- und ortsabhängig lernen. Führen Sie eine neue Aktivität beispielsweise einige Male in Ihrem Garten durch, wird diese dort nach einer Weile zuverlässig funktionieren. Verlegen Sie den Trainingsort und beginnen die Aktivität auf einer Wiese im Park, wird es Ihrem Hund deutlich schwerer fallen, Ihren Erwartungen gerecht zu werden. Beginnen Sie das Training an einem neuen Ort, sollten Sie den Hund also wieder etwas langsamer an die Übungen heranführen. Die neue Aktivität sollte erst dann nach außen verlegt werden, wenn sie zuhause einwandfrei funktioniert. Üben Sie häufiger an unterschiedlichen Orten, wird die Generalisierung schneller voranschreiten und Ihrem Hund fällt es leichter, das gewünschte Verhalten in anderen Umgebungen, Situationen und unter Ablenkung abzurufen.

Wie belohne ich meinen Hund am besten?

Für ein möglichst effektives Training sollten Sie Ihren Hund stets mit dem belohnen, was er am meisten begehrt. Finden Sie hierfür heraus, was Ihr Hund am liebsten mag und setzen Sie dies gezielt ein. Bei der Belohnung Ihres Hundes muss nicht zwingend ein Leckerli zum Einsatz kommen. Beispiele für Belohnung im Training:

- Spielzeug werfen
- Zerrspiel anbieten
- Streicheln
- Ins Wasser schicken
- Freigabe zum Rennen erteilen
- Buddeln
- Schnüffeln

Kann ich mit Denkspielen die Bindung stärken?

Jede Art von Kooperation und gemeinsamer Zeit wirkt sich positiv auf die Bindung zwischen Ihnen und Ihrem Hund aus. Viele Denkspiele bringen den Vorteil mit sich, dass Sie aktiv mit Ihrem Hund zusammenarbeiten müssen, um eine Aufgabe zu lösen. Auch Übungen, bei denen Ihnen Ihr Hund vertrauen muss, können die Bindung und das Vertrauen stärken, wenn sie gut ausgehen.

~ Kapitel 3 ~

Denkspiele für Welpen und Junghunde

Neben der körperlichen Auslastung ist es enorm wichtig, einen Hund auch geistig zu fördern. In den folgenden **100 Übungen** geht es darum, auf spielerische Art und Weise die Konzentration und das Denkvermögen Ihres Hundes auszubauen. Die Übungen zum Denksport kombinieren die körperliche und geistige Auslastung und sind perfekt geeignet, Ihren Hund rundum zufrieden zu stellen. Zusätzlich finden Sie viele Übungen, in denen es rein um die geistige Förderung Ihres Vierbeiners geht. Diese eignen sich vor allem für regnerische Tage oder als Ausgleich an aktiven Tagen. Neben verschiedenen Tricks und Spielen gehört die gesamte Erziehung zur geistigen Auslastung. Die geistige Beschäftigung Ihres Hundes nimmt dabei nicht einmal besonders viel Zeit ein. Oft reicht eine halbe Stunde am Tag, wobei viele Übungen in den Alltag oder in einen Spaziergang integriert werden können. Am besten beginnen Sie bereits im Welpenalter mit einfachen Denkspielen.

3.1 Grundlegende Signale und Übungen für Konzentrations- und Denkspiele

In diesem Kapitel finden Sie Übungen, welche Sie Ihrem Hund bereits im Welpenalter beibringen können. Auf spielerische Weise sorgen Sie dafür, dass Ihr Hund stets aufmerksam und konzentriert ist und sich nicht so schnell aus der Ruhe bringen lässt. Die folgenden Übungen sind außerdem relevant für die Grunderziehung und den Aufbau weiterer Kommandos und Denkspiele.

Hinweis: *Um eine Überfütterung zu vermeiden, ist es empfehlenswert, für das Training einen Teil der Tagesration Ihres Hundes zu verwenden. Zusätzlich sollten Sie das Leckerli bei Konzentrationsübungen zwischen Daumen und Zeigefinger halten und dem Hund gezielt überreichen. Beim Abschlecken von der flachen Hand oder dem Zuwerfen des Leckerlis kann es* *passieren, dass dieses auf dem Boden landet, wodurch der Hund seine Konzentration verliert.*

Aktivität 1

Belohnungssignal konditionieren

(Indoor/Outdoor)

Eines der wichtigsten Signale, die Ihr Hund kennen sollte, ist das **Belohnungssignal**, auch **Markerwort** genannt.

Dieses signalisiert ihrem Hund, dass er richtig gehandelt und erwünschtes Verhalten gezeigt hat.

Durch dieses Lob erhöhen Sie die Wahrscheinlichkeit, dass Ihr Hund das Verhalten öfter zeigt. Das Belohnungssignal sollte eines der ersten Signale sein, die Ihr Welpe kennenlernt, da es die Basis für die weitere Erziehung bildet.

Bei allem, was Sie Ihrem Hund beibringen, wird das Markerwort eine tragende Rolle spielen. Bei der Wahl des richtigen Wortes sollten Sie darauf achten, dass Sie es im Alltag nicht allzu häufig verwenden. Ein einfaches „Gut“ oder „Okay“ wird in der normalen Sprache zu häufig genutzt und für Ihren Hund daher schnell an Bedeutung verlieren. Beliebte Belohnungssignale sind unter anderem „Prima“, „Super“ oder „Toll“. Grundsätzlich haben Sie hier die freie Wahl. Viele Hundebesitzer greifen hier auch auf kurze und prägnante Wörter wie „Klick“, „Check“ oder „Tack“ zurück. Das Belohnungssignal gilt als Versprechen für ein

Leckerli oder eine andere Art der Belohnung wie Streicheln oder das Werfen eines Spielzeugs.

Altersempfehlung: ab 12 Wochen

Empfohlene Übungsdauer:

- Etwa drei Minuten pro Session
- Für zwei bis drei Tage ca. 10-mal pro Tag
- Zwischen den Sessions mindestens 20 Minuten Pause

Was wird benötigt?

- Leckerli

Schritt 1: Setzen Sie sich in ruhiger Umgebung vor Ihren Hund und nehmen Sie einige Leckerli in die Hand.

Schritt 2: Nennen Sie das Belohnungssignal und geben Sie Ihrem Hund innerhalb einer Sekunde ein Leckerli. Dies wiederholen Sie so lange, bis Sie kein Leckerli mehr in der Hand haben.

Schritt 3: Wiederholen Sie diese Schritte für zwei bis drei Tage etwa zehnmal am Tag. Lassen Sie zwischen den Wiederholungen mindestens 20 Minuten vergehen. Schon jetzt können Sie beginnen, das Markerwort auch außerhalb der Aktivität zu verwenden.

Schritt 4: Testen Sie, ob die Konditionierung erfolgreich war. Nehmen Sie etwas Abstand zu Ihrem Hund ein und nennen Sie leise das Markerwort, wenn Ihr Hund gerade entspannt ist. Reagiert er, folgt eine Belohnung und das Training war erfolgreich.

Aktivität 2

Clicker als Belohnungssignal

(Indoor/Outdoor)

Alternativ oder ergänzend zum Belohnungssignal ist der Clicker ein hilfreiches Mittel, um Ihrem Hund mitzuteilen, dass Sie mit seinem Verhalten zufrieden sind. Auch diesen darf Ihr Hund bereits im Welpenalter kennenlernen. Der Clicker ist ein handliches Gerät, welches einen Klick-Ton entstehen lässt, sobald Sie einen Knopf drücken. Dieser ist besonders einprägsam und wird vom Hund auch über größere Entfernungen noch gut wahrgenommen. Der Vorteil des Clickers ist, dass keine Emotionen bei dem Belohnungssignal mitschwingen. So können Sie Ihrem Hund auch in für Sie aufregenden Situationen vermitteln, dass sein Verhalten erwünscht ist. In der Regel verfügt der Clicker über ein Bändchen, mit welchen man ihn am Handgelenk befestigt, wodurch er jederzeit griffbereit ist und man dennoch beide Hände frei hat. Ebenso wie das Markerwort ist auch der Click das Versprechen für eine Belohnung.

Altersempfehlung: ab 12 Wochen

Empfohlene Übungsdauer:

- Etwa drei Minuten pro Session
- Für zwei bis drei Tage ca. 10-mal pro Tag
- Zwischen den Sessions mindestens 20 Minuten Pause

Was wird benötigt?

- Clicker
- Leckerli

<u>**Schritt 1**</u>: Bevor Sie mit der eigentlichen Konditionierung beginnen, sollten Sie Ihren Hund den Clicker in Ihrer Hand beschnuppern lassen.

<u>**Schritt 2**</u>: Nehmen Sie sich eine Handvoll Leckerli und setzen Sie sich zu Ihrem Hund.

<u>**Schritt 3**</u>: Clicken Sie einmal und geben Sie Ihrem Hund innerhalb einer Sekunde ein Leckerli. Dies wiederholen Sie so lange, bis sich kein Leckerli mehr in Ihrer Hand befindet.

<u>**Schritt 4**</u>: Wiederholen Sie die Aktivität über zwei bis drei Tage etwa zehnmal am Tag. Zwischen den einzelnen Übungseinheiten sollten mindestens 20 Minuten Pause liegen.

<u>**Schritt 5**</u>: Um zu überprüfen, ob die Konditionierung erfolgreich war, warten Sie, bis ihr Hund ein erwünschtes Verhalten zeigt, sich zum Beispiel gerade hinsetzt – clicken Sie dann und belohnen Sie Ihren Hund.

Nutzen Sie den Clicker in einem Moment, in dem die Aufmerksamkeit Ihres Hundes nicht auf Ihnen liegt. Reagiert er, war das Training erfolgreich.

Anmerkung: Ein Clicker sollte niemals angewandt werden, um die Aufmerksamkeit des Hundes zu bekommen! Der Clicker soll erwünschtes Verhalten belohnen und nicht als Rückrufsignal dienen.

Tipps, Tricks und Hinweise:

Wenn Sie die Möglichkeit haben, testen Sie den Clicker vor dem Kauf. Einige Clicker sind besonders laut und können sensible Hunde erschrecken, was die positive Konditionierung erschwert. Vor allem Welpen im Alter von acht bis zwölf Wochen könnten möglicherweise überängstlich reagieren, da diese sich in der sogenannten ersten Angstphase befinden. Achten Sie darauf, dass sich der Clicker leicht drücken lässt und das Geräusch deutlich hörbar, jedoch nicht zu laut ist. Sollte sich ihr Hund dennoch erschrecken, nehmen Sie sich etwas mehr Zeit und wählen sie größere Intervalle zwischen den einzelnen Clicks und Übungseinheiten. Um die Lautstärke zu Beginn etwas zu dämpfen, können Sie den Clicker in ein Handtuch einwickeln. Ist Ihr Hund besonders geräuschempfindlich, gibt es im Handel leisere Katzenclicker zu kaufen.

Aktivität 3
Auflösesignal
(Indoor/Outdoor)

Das Auflösesignal gibt dem Hund zu verstehen, dass eine Aktivität beendet ist, beziehungsweise dass er eine eingenommene Position verlassen kann. Gern genutzte Signale hierfür sind „Okay“, „Los“ oder „Auf“. Es ist sinnvoll, einen Hund bereits im Welpenalter an ein Auflösesignal zu gewöhnen, damit dieser einen klaren Unterschied zwischen Training und Freispiel erkennt. Auch außerhalb des Trainings ist das Auflösesignal relevant, da es sämtliche Kommandos im Alltag auflöst.

Altersempfehlung: ab 12 Wochen

Empfohlene Übungsdauer:

- Etwa drei Minuten pro Session
- Für zwei bis drei Tage ca. 10-mal pro Tag
- Zwischen den Sessions mindestens 20 Minuten Pause

Was wird benötigt?

- Einige Leckerli

Schritt 1: Wählen Sie für den Anfang eine reizarme Umgebung, um das Auflösesignal zu üben. Bringen Sie Ihren Hund ins „Sitz“ und belohnen Sie ihn.

Schritt 2: Lösen Sie das Kommando schon nach wenigen Sekunden auf, bevor der Hund es selbst tut. Damit Ihr Hund versteht, dass das „Sitz" durch Ihr Signal aufgelöst wird, können Sie z. B. ein Leckerli so werfen, dass Ihr Hund aufstehen muss. Sagen Sie das Auflösewort, bevor Sie das Leckerli von sich wegwerfen, damit er es verknüpfen kann. Alternativ können Sie ihn mit einer Geste auffordern, zu Ihnen zu kommen.

Schritt 3: Wiederholen Sie die Aktivität und steigern Sie langsam die Zeit bis zum Auflösesignal. Bauen Sie das Kommando außerdem regelmäßig in Ihre Übungen ein.

Schritt 4: Ihr Hund ist erfolgreich konditioniert, wenn er nach einer Aktivität auf Ihre Freigabe wartet.

Tipps, Tricks und Hinweise:

Sollte Ihr Hund vor dem Auflösesignal aufstehen, ist das für den Anfang nicht schlimm. Bringen Sie ihn ohne Leckerli zurück in die Sitzposition und probieren Sie es erneut mit kürzeren Abständen. Eine gute Übung, um zu überprüfen, ob das Auslösesignal gut sitzt, ist folgende: Bringen Sie Ihren Hund ins „Sitz" und stellen Sie den gefüllten Futternapf vor ihm auf den Boden. Ihr Hund darf sich erst nach dem Auslösesignal am Futter bedienen.

Aktivität 4
„Bleib“
(Indoor/Outdoor)

Besonders für Konzentrationsübungen ist das Kommando „Bleib“ von hoher Bedeutung. Oft wird es eingesetzt, um Übungen vorzubereiten oder den Hund einzelne Schritte nacheinander befolgen zu lassen. Doch auch im normalen Gehorsamkeitstraining ist „Bleib“ beinahe unabdingbar. Ziel ist es, dass der Hund in der von Ihnen gewünschten Position verharrt, bis er das Freigabesignal oder ein weiteres Kommando erhält. Das Grundprinzip dieser Aktivität können Sie bereits Ihrem Welpen näherbringen. Bedenken Sie jedoch, dass dieser noch nicht die notwendige Konzentration aufbringen kann, für längere Zeit in der gewünschten Position auszuharren.

Altersempfehlung: ab 12 Wochen

Empfohlene Übungsdauer:

- Etwa fünf bis zehn Minuten pro Session
- Für zwei bis drei Tage ca. 10-mal pro Tag
- Zwischen den Sessions mindestens 20 Minuten Pause

Was wird benötigt?

- Einige Leckerli

Schritt 1: Bringen Sie den Hund in eine gewünschte Position, zum Beispiel ins „Platz“. Geben Sie das Signal „Bleib“ und entfernen Sie sich einen Schritt. Bleibt Ihr Hund liegen, gehen Sie zu ihm und belohnen ihn. Achten Sie besonders zu Beginn darauf, den Hund so zu belohnen, dass er nicht in Versuchung kommt aufzustehen. Alternativ können Sie das Auflösesignal geben, bevor Sie Ihren Hund belohnen. Zur Auflockerung kann es helfen, einige Leckerli zu werfen und den Hund suchen zu lassen.

Schritt 2: Erhöhen Sie die Schwierigkeit. Geben Sie das „Bleib"-Signal, entfernen Sie sich und warten Sie einige Sekunden ab, bevor Sie zur Belohnung übergehen.

Schritt 3: Erhöhen Sie schrittweise die Distanz und die Zeitdauer, bis Sie Ihren Hund belohnen.

Schritt 4: Um das Signal zu festigen, begeben Sie sich kurze Zeit aus dem Sichtfeld, bauen Sie hastigere Bewegungen ein oder umrunden Sie Ihren Hund.

Tipps, Tricks und Hinweise:

Hat Ihr Hund Schwierigkeiten bei der Übung, bauen Sie ein zusätzliches Sichtsignal ein. Einige Hunde können visuelle Signale besser verarbeiten. Hierfür eignet sich das typische Stopp-Zeichen, die Handfläche in Richtung Hund. Achten Sie außerdem darauf, Ihrem Hund nach Abschluss der Aktivität das Auflösesignal zu geben.

3.1.1 Konzentrationsspiele

Die folgenden Übungen eignen sich hervorragend dafür, die Konzentration Ihres Hundes zu stärken. Außerdem fördern sie die Aufmerksamkeit und sorgen zeitgleich für eine gute Impulskontrolle und Frustrationstoleranz. Die Übungen nehmen wenig Zeit in Anspruch und lassen sich gut in den Alltag einbringen. Dennoch sorgen sie für eine gute geistige Auslastung und stellen Grundlage für weitere Denk- und Konzentrationsspiele dar.

Aktivität 5

Platz mit Ablenkung

(Indoor/Outdoor)

Im Mittelpunkt dieser Aktivität steht die Aufmerksamkeit Ihres Hundes Ihnen gegenüber. Für die Aktivität wird eine weitere Person benötigt. Ziel ist es, dass Ihr Hund Ihnen seine volle Aufmerksamkeit widmet und sich nicht ablenken lässt. Sollte Ihr Vierbeiner Schwierigkeiten haben, die Konzentration zu behalten, sollten Sie die ersten Übungen in bekannter und ruhiger Umgebung machen und äußere Reize erst später einführen.

Altersempfehlung: ab sechs Monaten/wenn „Platz“ gefestigt ist

Empfohlene Übungsdauer:

- Etwa fünf Minuten pro Session
- Höchstens zweimal pro Woche

Was wird benötigt?

- Eine weitere Person
- Leckerli

Schritt 1: Geben Sie Ihrem Hund das Signal für „Platz“.

Schritt 2: Die zweite Person versucht nun, den Hund abzulenken. Hierfür geht sie immer wieder an euch vorbei und versucht Ihren Hund gegebenenfalls mit einem Leckerli oder Spielzeug zu locken.

Schritt 3: Ist Ihr Hund ruhig geblieben, belohnen Sie ihn. Achten Sie hierbei darauf, dass Sie das Leckerli so reichen, dass Ihr Hund nicht in Versuchung kommt aufzustehen. Alternativ können Sie Ihrem Hund als Belohnung das Auslösesignal geben und ein Spielzeug oder einige Leckerli werfen.

Zusatz für Fortgeschrittene:

Wenn Ihr Hund diese Aktivität gut meistert, können Sie den Schwierigkeitsgrad erhöhen. Die zweite Person läuft nun schneller an Ihnen und Ihrem Hund vorbei, macht hastige Bewegungen und ruft ihn vielleicht sogar. Dies erhöht die Ablenkung und sorgt dafür, dass Ihr Hund sich stark auf Sie konzentrieren und Impulshandlungen unterdrücken muss.

Aktivität 6

Geduldsspiel

(Indoor/Outdoor)

Dieses Spiel soll dafür sorgen, dass Ihr Hund die Geduld behält, wenn er einmal warten muss. Zusätzlich stärkt die Aktivität die Bindung zwischen Ihnen und Ihrem Vierbeiner. Auch diese Aktivität hat das Ziel, dass Sie die volle Aufmerksamkeit Ihres Hundes erhalten.

Altersempfehlung: ab 12 Wochen

Empfohlene Übungsdauer:

- Etwa zwei Minuten pro Session
- Maximal einmal pro Tag

Was wird benötigt?

- Eine Schüssel
- Leckerli

Schritt 1: Legen Sie zehn Leckerli in eine Schüssel und rufen Sie Ihren Hund zu sich.

Schritt 2: Sagen Sie „Eins“ und legen Sie das erste Leckerli in Ihre Hand. Das wiederholen Sie so lange, bis alle Leckerli in Ihrer Hand liegen.

Schritt 3: Sagen Sie nun „Eins“ und reichen Sie Ihrem Hund das erste Leckerli. Warten Sie, bis er fertig gekaut hat und wiederholen Sie den Schritt mit den restlichen Leckerli während Sie bis Zehn zählen.

Tipps, Tricks und Hinweise:

Handelt es sich bei Ihrem Vierbeiner um einen sehr jungen oder ungeduldigen Hund, beginnen Sie die Aktivität mit weniger Leckerli. Um die Aktivität spielerisch zu gestalten und etwas aufzulockern, können Sie Ihrem Hund die Leckerli auch zuwerfen.

Aktivität 7
Spielzeug Werfen
(Indoor/Outdoor)

Diese Aktivität stärkt die Impulskontrolle Ihres Hundes. Impulsives Verhalten zu kontrollieren, kann in vielen Übungen und auch im Alltag von hoher Wichtigkeit sein. Es soll verhindert werden, dass Ihr Hund seinem ersten Impuls sofort folgt und stattdessen auf Ihre Anweisungen wartet.

Altersempfehlung: ab sechs Monaten/wenn „Bleib“ gefestigt ist

Was wird benötigt?

- Das Lieblingsspielzeug Ihres Hundes

Schritt 1: Bringen Sie Ihren Hund ins „Sitz“ und geben Sie bei Bedarf das „Bleib“-Signal.

Schritt 2: Werfen Sie das Spielzeug.

Schritt 3: Geben Sie Ihrem Hund das Auflösesignal und signalisieren Sie ihm, dass er sich das Spielzeug holen darf.

Tipps, Tricks und Hinweise:

Sollte Ihr Hund dazu neigen, bereits vor dem Auflösesignal loszurennen, sollten Sie ihn zu Beginn – am besten mit einer Schleppleine und einem Hundegeschirr – anleinen. So gelangt er nicht zum Spielzeug, bevor Sie die Freigabe erteilen und ihn ableinen. Ebenso können Sie das Spielzeug zu Beginn neben sich fallen lassen, anstatt es zu werfen, so können Sie schnell reagieren und Ihren Hund davon abhalten, sich das Spielzeug ohne Auflösesignal zu schnappen.

3.2 Nasenarbeit – Suchspiele für Schnüffelnasen

Hunde sind von Natur aus wahre Riechspezialisten. Bei der Nasenarbeit oder dem normalen Schnüffeln beim Spazierengehen riecht und differenziert Ihr Vierbeiner viele verschiedene Gerüche. Um nun einem bestimmten Geruch zu folgen und andere Reize auszublenden, wird ein hohes Maß an Konzentration benötigt. Mit den folgenden Übungen fördern Sie die natürliche Begabung Ihres Hundes und steigern zusätzlich seine Denk- und Konzentrationsfähigkeit.

Aktivität 8
„Such“
(Indoor/Outdoor)

Das Signal „Such“ schickt Ihren Hund auf die Suche nach einem Leckerli, einem Gegenstand oder einem Menschen. Beherrscht er das Kommando, stehen Ihnen eine Vielzahl an Möglichkeiten zur Verfügung, ihn kopftechnisch auszulasten. Da Ihr Hund hierfür seine Nase benutzen und einen bestimmten Geruch verfolgen soll, erfordert die Aktivität einiges an Konzentration. Besonders am Anfang sollten Sie Ihrem Hund ausreichend Pausen gönnen. Hunde verfügen von Natur aus über einen hervorragenden Geruchssinn; jetzt ist es an der Zeit, diesen gezielt einzusetzen.

Altersempfehlung: ab 12 Wochen

Empfohlene Übungsdauer:

- Etwa fünf bis zehn Minuten pro Session
- Zwei- bis dreimal pro Woche

Was wird benötigt?

- Einige Leckerli

Schritt 1: Nehmen Sie einige Leckerli zur Hand, rufen Sie Ihren Hund zu sich und geben ihm das „Bleib“-Signal. Bei einem Welpen empfiehlt es sich, diesen für einen Moment anzuleinen oder von einer weiteren Person festhalten zu lassen.

Schritt 2: Platzieren Sie ein Leckerli vor den Augen Ihres Hundes in einer Ecke des Raumes.

Schritt 3: Geben Sie Ihrem Hund das „Such“-Signal. Sollte Ihr Hund zögern, geben Sie ihm vorher ein Auflösesignal. Da Ihr Hund Ihnen zugesehen hat, wird er sich zielgerichtet zum

Leckerli begeben. Daraufhin sollte prompt Ihre verbale Bestätigung folgen.

<u>**Schritt 4**</u>: Wiederholen Sie dies einige Male. Verstecken Sie das Leckerli an unterschiedlichen, aber einfachen Stellen. Das sorgt dafür, dass Ihr Hund motiviert bleibt und das Signal zu verstehen lernt.

<u>**Schritt 5**</u>: Haben Sie das Gefühl, dass Ihr Hund die Aktivität gut versteht, erhöhen Sie den Schwierigkeitsgrad. Wählen Sie schwierigere Verstecke und lassen Sie Ihren Hund nicht beim Verstecken zusehen. Findet Ihr Hund das Leckerli weiterhin, war das Training erfolgreich.

Tipps, Tricks und Hinweise:

Gezieltes Suchen ist sehr anstrengend für Ihren Vierbeiner. Entscheiden Sie sich zu Beginn für kurze Trainingseinheiten von maximal fünf Minuten. Allmählich können Sie die Dauer auf zehn bis 15 Minuten erhöhen.

🐶 Aktivität 9 🐶

Klassische Suchspiele (Indoor/Outdoor)

Die folgende Aktivität ist der Klassiker unter den Suchspielen und vielseitig einsetz- und steigerbar. Ihr Hund soll einen bestimmten Gegenstand anhand seines Geruchs suchen, welchen Sie zuvor versteckt haben. Ihr Hund sollte hierfür das Kommando „Such“ kennen und die Grundlagen des Apportierens (siehe Kapitel 3.3, Aktivität 23 & 24) beherrschen. Je nach Vorlieben Ihres Hundes eignen sich Leckerli (diese muss er natürlich nicht apportieren, sondern kann sie direkt verspeisen), ein Futterdummy oder Spielzeug.

Altersempfehlung: ab 4 Monaten/wenn „Sitz" und „Bleib" gefestigt sind

Empfohlene Übungsdauer:

- Etwa zehn Minuten pro Session
- Zwei- bis dreimal pro Woche

Was wird benötigt?

- Futterdummy

Schritt 1: Bringen Sie Ihren Hund ins „Sitz".

Schritt 2: Zeigen Sie Ihrem Hund den Futterdummy und lassen Sie ihn daran riechen. Verstecken Sie ihn anschließend vor den Augen Ihres Vierbeiners.

Schritt 3: Geben Sie das „Such"-Signal. Sollten Sie die Suchspiele mit dem Futterdummy vertiefen wollen, kann es von Vorteil sein, das Signal folgendermaßen zu erweitern: „Such den Dummy". Ihr Hund wird losstürmen und Ihnen den Futterdummy bringen. Als Belohnung erhält er den Inhalt des Dummys.

Schritt 4: Hat Ihr Hund die Grundlagen verstanden, erschweren Sie die Suche. Verstecken Sie den Dummy so, dass Ihr Hund Ihnen dabei nicht zusehen kann.

Schritt 5: Ist Ihr Hund bei der Suche weiterhin erfolgreich, haben Sie den Grundstein für die Nasenarbeit gelegt.

Tipps, Tricks und Hinweise:

Hat Ihr Hund Schwierigkeiten bei der Aktivität oder ist überfordert, beginnen Sie mit einzelnen Leckerli. Diese können vom Hund nach dem Erschnüffeln direkt verspeist werden. Alternativ bietet sich auch ein geliebtes Spielzeug an, was nach dem Finden bespielt werden darf.

Aktivität 10

Suchspiel im Gras
(Outdoor)

Diese Aktivität ist wenig anspruchsvoll und eignet sich perfekt, um Ihren Hund zu belohnen, ihn von Stressoren abzulenken und dennoch seine Konzentration zu fördern und seinen Geruchssinn zu schulen. Im Welpen- und Junghundalter eignet sich diese Aktivität sehr gut dafür, aufregende Situationen oder fremde Geräusche positiv zu verknüpfen und so Angstreaktionen zu vermeiden.

Altersempfehlung: ab 12 Wochen

Empfohlene Übungsdauer:

- Etwa drei Minuten pro Session
- Mehrmals pro Woche

Was wird benötigt?

- Einige Leckerli

Schritt 1: Sorgen Sie dafür, dass Sie die Aufmerksamkeit Ihres Hundes haben und werfen Sie eine Handvoll Leckerli ins Gras. Geben Sie ihm bereits vor dem Werfen das „Such“-Signal.

Schritt 2: Lassen Sie Ihren Hund die Leckerli erschnüffeln. Sollte er vorzeitig aufhören, motivieren Sie ihn mit einem erneuten „Such“ zum Weitermachen.

Tipps, Tricks und Hinweise:

Die Aktivität bringt wahnsinnig viele Vorteile mit sich. Sie können Ihren Hund von Stressauslösern ablenken oder nach getaner Arbeit belohnen. Im Sommer bietet es sich an, die Leckerli hin und wieder ins flache Wasser zu werfen und dort suchen zu lassen. So nimmt Ihr Hund zeitgleich Flüssigkeit zu sich.

Aktivität 11

Das „Verlorenspiel"

(Indoor/Outdoor)

Das „Verlorenspiel" lässt sich perfekt in den Alltag einbauen und erfordert eine Menge Konzentration von Ihrem Vierbeiner. Er soll gezielt nach einem Gegenstand – in diesem Fall einem Futterdummy – suchen, den Sie beim Spaziergang „verloren" haben.

Altersempfehlung: ab 6 Monaten, wenn der Hund verlässlich den Rückruf beherrscht. Alternativ mit einer Schleppleine durchzuführen.

Empfohlene Übungsdauer:

- Etwa fünf bis zehn Minuten pro Session
- Zwei- bis dreimal pro Woche

Was wird benötigt?

- Ein gefüllter Futterdummy

Schritt 1: Lassen Sie beim alltäglichen Spaziergang unbemerkt den Futterdummy fallen.

Schritt 2: Laufen Sie anfangs nur zwei bis drei Meter weiter, rufen Sie Ihren Hund und weisen Sie ihn auf den Dummy hin. Im besten Fall bauen Sie von Beginn an das gewünschte Kommando ein, zum Beispiel „Such den Dummy".

Schritt 3: Kennt Ihr Hund die Übungen mit dem Futterdummy, wird er begeistert zu diesem laufen und ihn zu Ihnen bringen.

<u>**Schritt 4**</u>: Wiederholen Sie diesen Vorgang zwei- bis dreimal und beginnen Sie dann, die Schwierigkeit zu steigern. Erhöhen Sie die Entfernung, legen Sie den Dummy hinter ein Hindernis oder bauen Sie eine Ecke oder Kreuzung ein. Je mehr Sie mit Ihrem Hund trainieren, desto mehr Möglichkeiten stehen Ihnen offen.

Tipps, Tricks und Hinweise:

Achten Sie darauf, dass Sie die Kompetenzen Ihres Vierbeiners nicht überschätzen. Bemerken Sie Frustration, so gehen Sie im Training ein bis zwei Schritte zurück. Schließlich soll das Training Ihrem Hund Spaß machen.

Aktivität 12

Spurensuche

(Indoor/Outdoor)

Bei der Spurensuche geht es darum, dass Ihr Hund gezielt einer Geruchsspur folgt, welche Sie zuvor gelegt haben. Hierfür muss er sämtliche Reize ausblenden und sich voll und ganz auf seine Nase konzentrieren.

Altersempfehlung: ab 12 Wochen

Empfohlene Übungsdauer:

- Etwa fünf Minuten pro Session
- Zwei- bis dreimal pro Woche

Was wird benötigt?

- Ein besonders gut riechendes Leckerli

<u>**Schritt 1**</u>: Ziehen Sie ein gut riechendes Leckerli über den Boden und legen Sie so eine Geruchsspur. Das Leckerli legen Sie ans Ende dieser Spur.

Schritt 2: Holen Sie Ihren Hund dazu und geben Sie ihm das „Such"-Kommando.

Schritt 3: Ihr Hund wird die Geruchsspur aufnehmen und dieser bis zur Belohnung folgen.

Schritt 4: Erhöhen Sie allmählich die Länge der Geruchsspur.

Tipps, Tricks und Hinweise:

Hat Ihr Hund Probleme einer längeren Geruchsspur zu folgen, kann es helfen, alle paar Meter ein kleines Leckerli zu platzieren. So sorgen Sie dafür, dass Ihr Hund motiviert bleibt.

Diese Aktivität ist ein möglicher Weg, Ihrem Hund das Kommando „Such" beizubringen.

Aktivität 13

Der Schnüffelteppich

(Indoor/Outdoor)

Einen Schnüffelteppich können Sie kaufen oder mit einfachen Mitteln selbst basteln. Befestigen Sie hierfür z. B. mehrere Stoffstücke an einem alten Grillgitter. Der Hund muss bei dieser Aktivität eine Menge Konzentration und Geduld aufbringen.

Altersempfehlung ab 12 Wochen

Empfohlene Übungsdauer:

- Etwa fünf Minuten pro Session
- Mehrmals pro Woche, ganz nach Bedarf

Was wird benötigt?

- Schnüffelteppich
- Leckerli

Schritt 1: Verstecken Sie einige Leckerli im Schnüffelteppich.

Schritt 2: Geben Sie Ihrem Hund das „Such"-Kommando und deuten Sie auf den Teppich.

Schritt 3: Ihr Hund erschnüffelt die einzelnen Leckerli. Gegebenenfalls muss er zum Weitersuchen animiert werden.

Aktivität 14

Schatzkiste

(Indoor)

Auch bei dieser Aktivität ist Konzentration gefragt. Zusätzlich bereitet sie den meisten Hunden viel Freude und eignet sich dafür, den Hund eine Zeit lang zu beschäftigen.

Altersempfehlung: ab 12 Wochen

Empfohlene Übungsdauer:

- Etwa fünf bis zehn Minuten pro Session
- Gelegentlich

Was wird benötigt?

- Ein Karton
- Etwas Zeitungspapier
- Leckerli

Schritt 1: Füllen Sie einen Karton mit verschiedenen Materialien: in Papier eingewickelte Leckerli, Zeitungsknäuel, lose Leckerli, Socken und Ähnliches

Schritt 2: Geben Sie Ihrem Hund das „Such"-Kommando.

Schritt 3: Ihr Hund wird viel Freude daran haben, den Karton zu durchwühlen, um an alle Leckerli zu gelangen.

Aktivität 15

Linke Hand/Rechte Hand

(Indoor/Outdoor)

Das klassische Links/Rechts-Spiel fördert den Geruchssinn und die Konzentration Ihres Hundes. Außerdem hilft die Aktivität dabei, die Bindung zwischen Ihnen und Ihrem Hund zu festigen. Für die Aktivität benötigen Sie weder Vorbereitung noch besondere Materialien, was sie zu einer perfekten Aktivität für zwischendurch macht.

Altersempfehlung: ab 12 Wochen

Empfohlene Übungsdauer:

- Etwa fünf Minuten pro Session
- Mehrmals pro Woche, ganz nach Bedarf

Was wird benötigt?

- Leckerli

Schritt 1: Zeigen Sie Ihrem Hund ein Leckerli und lassen Sie es hinter Ihrem Rücken verschwinden.

Schritt 2: Verstecken Sie das Leckerli in einer Ihrer Hände und präsentieren Sie Ihrem Hund beide Hände geschlossen.

Schritt 3: Ihr Hund soll erraten, in welcher Hand sich das Leckerli befindet. Die Hand, welche er zuerst berührt, öffnen Sie. Ist es die richtige, erhält Ihr Vierbeiner die Belohnung. Entscheidet er sich für die falsche Hand, beginnt das Spiel von vorn.

Aktivität 16

Spielzeugsuche

(Indoor)

Diese Aktivität verlangt Ihrem Hund einiges an Kopfarbeit ab. Er soll ein bestimmtes Spielzeug suchen und Ihnen bringen. Hierfür ist es grundlegend wichtig, dass Sie Spielzeug im Alltag regelmäßig benennen. Beginnen Sie mit einem Spielzeug, das Ihr Hund besonders gern mag und dessen Namen er kennt. In unserem Beispiel ist es ein Ball.

Altersempfehlung: ab 6 Monaten

Empfohlene Übungsdauer:

- Etwa fünf bis zehn Minuten pro Session
- Zwei- bis dreimal pro Woche

Was wird benötigt?

- Ball (oder anderes beliebtes Spielzeug)
- Ein weiteres Spielzeug
- Leckerli

Schritt 1: Wie bereits erwähnt, ist es grundlegend wichtig, dass Sie Spielsachen im Spiel benennen. Nur so kann Ihr Hund die verschiedenen Namen seinem Spielzeug zuordnen.

Schritt 2: Legen Sie nun den Ball in den Raum und geben Sie das gewünschte Kommando, zum Beispiel „Such den Ball“ oder „Hol den Ball“. Bei Bedarf deuten Sie anfangs auf das Spielzeug.

Schritt 3: War diese Aktivität erfolgreich, loben Sie Ihren Vierbeiner und legen Sie den Ball erneut in den Raum und legen Sie ein weiteres Spielzeug dazu. Gern dürfen Sie beides beim Ablegen benennen.

<u>**Schritt 4**</u>: Weisen Sie Ihren Hund erneut an, den Ball zu holen.

<u>**Schritt 5**</u>: Wenn dies klappt, hat Ihr Hund das Grundprinzip verstanden. Wiederholen Sie diese Aktivität nun mit verschiedenen Gegenständen. Zeitgleich steigt die Menge an Spielsachen, die Sie Ihrem Hund zur Auswahl stellen.

Tipps, Tricks und Hinweise:

Dieses Spiel fördert die Aufmerksamkeit und Konzentration Ihres Hundes. Ihr Hund muss das genannte Wort nicht nur dem richtigen Gegenstand zuordnen, sondern diesen auch noch finden und apportieren. Besonders an Regentagen eignet sich dieses Spiel hervorragend zur geistigen Auslastung.

Beherrscht Ihr Hund die Aktivität gut, benötigen Sie zur Durchführung keine Vorbereitung mehr, da die Gegenstände nicht platziert werden müssen. Schicken Sie Ihren Hund einfach mit der Aufgabe los, ein bestimmtes Spielzeug zu finden.

🐶 Aktivität 17 🐶

Korkentauchen

(Indoor/Outdoor)

Bei dieser Aktivität wird die Spürnase Ihres Vierbeiners auf Hochtouren laufen. Versteckt zwischen Korken, soll Ihr Hund Leckerli erschnüffeln.

Altersempfehlung: ab 4 Monaten

Empfohlene Übungsdauer:

- Etwa fünf bis zehn Minuten pro Session
- Gelegentlich

Was wird benötigt?

- Eine Kiste voller Korken
- Leckerli

<u>Schritt 1</u>: Füllen Sie eine kleine Kiste mit Korken und legen Sie eine Handvoll Leckerli dazu.

<u>Schritt 2</u>: Schicken Sie Ihren Vierbeiner auf die Suche nach den Leckerli. Um diese zu finden, muss Ihr Hund seine Nase einsetzen und Geduld beweisen.

Tipps, Tricks und Hinweise:

Es sollte selbsterklärend sein, dass Ihr Hund die Korken selbst nicht verspeisen sollte. Neigt Ihr Hund jedoch dazu, die Korken ins Maul zu nehmen, sollten Sie die Aktivität auf einen späteren Zeitpunkt verschieben.

Aktivität 18
„Zieh den Jackpot"
(Indoor)

„Zieh den Jackpot" ist eine Erweiterung des klassischen Suchspiels. Sie verstecken den Gegenstand so, dass er leicht zu finden, jedoch schwer zu erreichen ist, etwa unter einem erhöhten Schrank. Der Gegenstand ist für Ihren Hund nur zu erreichen, wenn er an der daran befestigten Schnur zieht, doch auf diese Idee muss er selbst kommen.

Altersempfehlung: ab 6 Monaten

Empfohlene Übungsdauer:

- Etwa fünf bis zehn Minuten pro Session
- Zwei- bis dreimal pro Woche

Was wird benötigt?

- Futterdummy
- Schnur

Schritt 1: Befestigen Sie etwas Schnur am Futterdummy und beginnen Sie mit dem klassischen Suchspiel. Lassen Sie Ihren Hund absitzen, während Sie den Dummy verstecken und geben Sie Ihrem Hund im Anschluss das „Such"-Kommando. Platzieren Sie den Dummy so, dass er nur durch Zug an der Schnur erreichbar ist, etwa unter einer erhöhten Couch oder einem Schrank.

Schritt 2: Beobachten Sie Ihren Hund, wie er eine Lösung sucht. Motivieren Sie ihn gegebenenfalls, weiterzumachen.

Schritt 3: Sobald der Futterdummy bei Ihnen ist, belohnen Sie Ihren Hund.

3.3 Denkspiele für den Alltag

Die folgenden Übungen lassen sich perfekt in den Alltag integrieren. Sie benötigen wenig Vorbereitung und sind leicht zu erlernen. Außerdem bekommt Ihr Hund bei einigen Übungen die Möglichkeit, Ihnen aktiv zu helfen.

Aktivität 19

„Heb auf"

(Indoor/Outdoor)

Durch diese Aktivität wird Ihr Hund ein wahrer Alltagshelfer. Ziel ist es, dass Ihr Vierbeiner Dinge auf Kommando aufhebt, die Ihnen herunterfallen oder bereits auf dem Boden liegen. Das schont Ihren Rücken und stärkt die Aufmerksamkeit Ihres Hundes.

Altersempfehlung: ab 6 Monaten

Empfohlene Übungsdauer:

- Etwa fünf Minuten pro Session
- Zwei- bis dreimal pro Woche

Was wird benötigt?

- Dummy (oder ein anderer Gegenstand, den Ihr Hund regelmäßig apportiert)
- Stoffhandschuh
- Leckerli

Schritt 1: Beginnen Sie ein normales Apportierspiel mit Ihrem Hund.

Schritt 2: Sobald der Dummy bei Ihnen ist, lassen Sie ihn aus der Hand fallen und geben Sie Ihrem Hund das Kommando „Heb auf".

Schritt 3: Mitten im Apportierspiel wird Ihr Hund den Dummy vermutlich automatisch aufheben. Falls nicht: Entfernen Sie sich ein bis zwei Meter und geben Sie das Kommando erneut.

Schritt 4: Bauen Sie dies gelegentlich ins Apportierspiel mit verschiedenen Gegenständen ein. Wenn der Ablauf gut funktioniert, steigen Sie auf einen anderen Gegenstand um.

Schritt 5: Zeigen Sie Ihrem Hund einen Stoffhandschuh, lassen Sie diesen fallen und sagen Sie „heb auf".

Schritt 6: War dies erfolgreich, loben Sie Ihren Hund ausgiebig. Weiten Sie die Aktivität schrittweise auf verschiedene Gegenstände und Materialien aus. Lassen Sie beispielsweise die Leine beim Spaziergang fallen und von Ihrem Hund aufheben.

Tipps, Tricks und Hinweise:

Fangen Sie unbedingt mit weichen und leicht greifbaren Materialien an. Ihr Hund wird bei einem Stoffhandschuh eher kooperieren, als wenn er direkt einen Schlüsselbund aufheben soll. Besonders Dinge, die beim Aufheben Geräusche machen, können Ihren Hund verunsichern.

Aktivität 20

Wäschehelfer

(Indoor)

Für dieses Spiel ist es wichtig, dass Ihr Hund die Aktivität 19 „Heb auf" beherrscht. Ihr Vierbeiner soll Ihnen die Schmutzwäsche aus dem Wäschekorb reichen, welche Sie anschließend in die Waschmaschine legen. Ein richtiger Haushaltshelfer!

Altersempfehlung: ab 6 Monaten

Empfohlene Übungsdauer:

- Etwa fünf bis zehn Minuten pro Session
- Ein- bis zweimal pro Woche

Was wird benötigt?

- Wäschekorb (wählen Sie eine Größe, welche es Ihrem Hund problemlos ermöglicht, Dinge herauszunehmen)
- Einige Kleidungsstücke
- Leckerli

Schritt 1: Stellen Sie den Wäschekorb mit einigen Wäschestücken vor die Waschmaschine und rufen Sie Ihren Hund dazu.

Schritt 2: Weisen Sie auf die Wäsche und sagen Sie „Heb auf". Reicht Ihr Hund Ihnen ein Wäschestück, legen Sie dieses in die Waschmaschine und loben Sie ihn.

Schritt 3: Sobald der Wäschekorb leer ist, ist das Spiel beendet. Lösen Sie die Situation auf, in dem Sie eine Handvoll Leckerli oder ein Spielzeug werfen.

Tipps, Tricks und Hinweise:

Sollte Ihr Hund Probleme mit dieser Aktivität haben, gibt es zwei Möglichkeiten:

- Probieren Sie es mit weniger oder sogar nur einem Wäschestück und erhöhen Sie die Menge bei Erfolg langsam.
- Beginnen Sie damit, dass Ihr Hund Ihnen einen bekannten Gegenstand wie den Dummy aus dem Wäschekorb gibt und steigen Sie dann nach und nach auf Wäsche um.

Aktivität 21

Socken abhängen

(Indoor)

Socken abhängen ist ein tolles Spiel für zwischendurch, was jede Menge Kreativität von Ihrem Hund abverlangt. Er muss sich die Lösung vollständig selbst erarbeiten. Ziel ist es, dass Ihr Hund mit Leckerli gefüllte Socken von der Leine abnimmt und sich anschließend mit den Leckerli selbst belohnt.

Altersempfehlung: ab 4 Monaten

Empfohlene Übungsdauer:

- Etwa fünf bis zehn Minuten pro Session
- Gelegentlich

Was wird benötigt?

- Eine Wäscheleine oder Ähnliches
- Alte Socken
- Leckerli

Schritt 1: Spannen Sie die Wäscheleine so, dass Ihr Hund bequem an die Wäsche kommt. Füllen Sie drei Socken mit einigen Leckerli und legen Sie diese über die Wäscheleine.

Schritt 2: Sehen Sie Ihrem Hund dabei zu, wie er versucht, die Socken abzuhängen.

Schritt 3: Sobald Ihr Hund mit diesem Schritt erfolgreich war, muss er sich überlegen, wie er an die Leckerli kommt. Sollte Ihr Hund unsicher werden, motivieren Sie ihn weiterzumachen.

Tipps, Tricks und Hinweise:

Sollte Ihr Hund schon viel Konzentration für das Abhängen der Socken benötigen und an seine Grenzen gelangen, sollten Sie ihm das Herankommen an die Leckerli erleichtern. Hat er die Aktivität 2-bis 3-mal erfolgreich geschafft, bauen Sie diese Unterstützung wieder ab. Ihr Hund soll nun selbst überlegen, wie er die Leckerli aus den Socken bekommt.

Aktivität 22
Aufräumen
(Indoor)

Wäre es nicht schön, wenn Ihr Hund Ihnen hilft, herumliegendes Spielzeug aufzuräumen? Genau darum geht es in dieser Übung. Hierbei muss Ihr Hund nachdenken, welche Sachen er aufräumen darf und aktiv den Raum absuchen. Anschließend soll er sämtliche Gegenstände in einen Korb werfen.

Altersempfehlung: ab 6 Monaten

Empfohlene Übungsdauer:

- Etwa fünf bis zehn Minuten pro Session
- Ein- bis zweimal pro Woche

Was wird benötigt?

- Dummy (oder ein ähnliches Spielzeug, welches Ihr Hund gerne apportiert)
- Ein Korb
- Leckerli

Schritt 1: Werfen Sie den Dummy oder legen Sie ihn im Raum ab, geben Sie Ihrem Hund das Kommando „Räum auf" und halten Sie Ihre Hand geöffnet über den Korb.

Schritt 2: Vermutlich holt Ihr Hund den Dummy ganz automatisch. Sobald er ihn in Ihre Hand legen will, ziehen Sie diese weg, sodass der Dummy im Korb landet und loben Sie Ihren Hund ausgiebig.

Schritt 3: Wiederholen Sie diese Aktivität mit verschiedenem Spielzeug. Nutzen Sie immer das gewünschte Kommando.

Schritt 4: Wenn Ihr Hund das Grundprinzip verstanden hat, lassen Sie die geöffnete Hand bei der Aktivität weg und stellen Sie stattdessen nur den Korb vor sich.

Schritt 5: War auch dieser Schritt erfolgreich, legen Sie mehrere Spielsachen in den Raum und geben Sie Ihrem Hund das Kommando zum Aufräumen. Legt Ihr Hund sämtliche Spielsachen in den Korb, hat er die Aktivität verstanden. Für jedes gebrachte Spielzeug sollten Sie Ihren Freund ausgiebig loben.

Tipps, Tricks und Hinweise:

Passen Sie die Größe des Korbs an die Ihres Hundes an. Bei kleineren Rassen reicht bereits ein Übertopf oder eine Salatschüssel.

Aktivität 23

Apportieren lernen (Indoor)

Beim Apportieren geht es darum, dass der Hund einen bestimmten Gegenstand gezielt zu seinem Menschen bringt. Dies ist die Grundlage für viele Bewegungs- und Suchspiele.

Apportieren kann bereits im Welpenalter erlernt werden. Viele Hunde bieten es schon von sich aus an, geworfenes Spielzeug zurückzubringen, andere müssen es erst lernen. Beliebte Signale für das Apportieren sind „Bring“ oder „Hol“. Für den Anfang eignet sich ein Futterdummy, um Ihrem Hund das Apportieren beizubringen. Hierbei handelt es sich um eine Stofftasche, welche mit Leckerli befüllt wird.

Altersempfehlung: ab 12 Wochen

Empfohlene Übungsdauer:

- Etwa fünf Minuten pro Session
- Nach Bedarf mehrmals täglich

Was wird benötigt?

- Leckerli
- Ein Futterdummy

Schritt 1: Geben Sie Ihrem Hund über einige Tage hin und wieder Futter aus dem Futterdummy, damit er diesen kennenlernt und mit Belohnung verknüpft. Hierfür sind vordergründig Trainingssituationen geeignet.

Schritt 2: Sobald Ihr Hund verstanden hat, dass der Futterdummy Belohnung bedeutet, können Sie mit dem Training starten. Füllen Sie den Dummy mit besonders hochwertigen Leckerli. Zeigen Sie diese Ihrem Hund, lassen Sie ihn jedoch nicht daraus fressen. Stattdessen werfen oder legen Sie ihn einige Meter entfernt von Ihrem Hund entfernt auf den Boden.

Schritt 3: Bewegt sich Ihr Hund in Richtung des Dummys, loben Sie ihn und geben ihm das „Bring"-Signal. Motivieren Sie ihn, den Dummy aufzunehmen und zu Ihnen zu bringen. Sobald Ihr Hund den Dummy ins Maul nimmt oder die Tendenz dazu zeigt, loben Sie ihn überschwänglich und öffnen Sie zur Belohnung den Dummy.

Schritt 4: Hier ist Geduld gefragt. Wiederholen Sie die Aktivität einige Male und verzögern Sie hierbei die Belohnung allmählich. Ihr Hund soll lernen, dass die Belohnung erst folgt, wenn der Dummy in Ihrer Hand landet. Legen Sie sich hierfür folgende Zwischenziele fest:

- Hund nimmt den Futterdummy auf
- Hund läuft mit Futterdummy in Ihre Richtung
- Hund legt den Futterdummy vor Ihnen ab
- Hund legt den Futterdummy in Ihre Hand

Tipps, Tricks und Hinweise:

Die meisten Hunde nehmen den Dummy problemlos vom Boden auf, jedoch fällt es einigen schwer, diesen anschließend zu Ihrem Besitzer zu bringen. Hierfür kann es helfen, ein dünnes Seil am Dummy zu befestigen. Hat sich Ihr Hund den Dummy geschnappt, ziehen Sie Hund und Beute sanft zu sich und loben Ihren Vierbeiner hierbei überschwänglich. Für den Anfang kann es außerdem helfen, dem Hund im Tausch ein Extra-Leckerli anzubieten, wenn er den Dummy nicht hergeben möchte.

Aktivität 24

Apportieren ausweiten (Indoor/Outdoor)

Besonders hinsichtlich des Denksports kann es von Vorteil sein, wenn Ihr Hund auch andere Gegenstände als den Futterdummy erfolgreich apportiert. Vielleicht möchten Sie ihn gezielt Dinge holen lassen oder haben andere Pläne. Für einen fließenden Übergang bietet es sich an, einige Übungseinheiten mit einem leeren Futterdummy durchzuführen.

Altersempfehlung: ab 12 Wochen

Empfohlene Übungsdauer:

- Etwa fünf Minuten pro Session
- Zwei- bis dreimal pro Woche

Was wird benötigt?

- Leerer Futterdummy
- Ein weiterer Apportier-Gegenstand
- Leckerli

Schritt 1: Beginnen Sie die Aktivität wie gewohnt, nur dass der Futterdummy leer bleibt. Stattdessen legen Sie sich einige Leckerli bereit.

Schritt 2: Apportiert Ihr Hund den Futterdummy, loben Sie ihn überschwänglich mit Leckerli aus Ihrer Hand.

<u>Schritt 3</u>: Hat das Apportieren mit dem leeren Futterdummy einige Male funktioniert, können Sie versuchen, auf einen anderen Gegenstand umzusteigen. Gehen Sie genau vor wie in den bisherigen Übungen. Achten Sie darauf, Ihrem Hund das „Bring"-Signal deutlich mitzuteilen. Für den Beginn eignet sich ein Gegenstand, der dem Futterdummy ähnelt, etwa ein normaler Dummy.

<u>Schritt 4</u>: Apportiert Ihr Hund auch andere Gegenstände zuverlässig, ist die Aktivität abgeschlossen.

Tipps, Tricks und Hinweise:

Je nach Hund kann der Übergang vom Futterdummy auf einen anderen Gegenstand mehr oder weniger reibungslos funktionieren. Sollten Sie beim Übergang Probleme haben, können Sie Folgendes ausprobieren:

Tipp 1: Weigert sich Ihr Hund, den leeren Futterdummy zu apportieren, können Sie diesen auch mit Futter füllen. Die Belohnung sollte dennoch aus Ihrer Hand kommen; der Dummy bleibt geschlossen. Schrittweise können Sie die Futtermenge im Dummy reduzieren.

Tipp 2: Sollte Ihr Hund frustriert reagieren, wenn er keine Belohnung aus dem Futterdummy erhält, belohnen Sie ihn abwechselnd aus dem Dummy und aus Ihrer Hand. Mit der Zeit erfolgt die Belohnung immer seltener aus dem Dummy.

Tipp 3: Sehen Sie, dass Ihr Hund überfordert ist, legen Sie eine Pause ein und gehen Sie im Training einige Schritte zurück; auch dann, wenn Ihr Hund bereits Fortschritte gezeigt hat.

Aktivität 25

Geschenke auspacken

(Indoor)

Diese Aktivität ermöglicht es Ihnen, Ihren Hund zeitweilig zu beschäftigen und ihn zugleich mental auszulasten. Sie packen Ihrem Hund ein kleines Geschenk, zum Beispiel in einem Karton oder eingewickelt in Geschenkpapier, welches er anschließend auspacken darf. Im Inneren befinden sich Leckerli oder ein Spielzeug.

Altersempfehlung: ab 4 Monaten

Empfohlene Übungsdauer:

- So lange Ihr Hund Spaß hat
- Gelegentlich

Was wird benötigt?

- Ein kleiner Karton, Geschenkpapier
- Leckerli

Schritt 1: Packen Sie einige Leckerli in einen kleinen Karton und umwickeln Sie diesen anschließend mit Geschenkpapier. Lassen Sie Ihren Hund gegebenenfalls beim Verpacken zusehen.

Schritt 2: Reichen Sie Ihrem Hund das Geschenk und beobachten Sie, wie er nach Möglichkeiten sucht, es auszupacken.

Tipps, Tricks und Hinweise:

Achten Sie darauf, dass Sie das Geschenk am Anfang leicht verpacken. Vielleicht entscheiden Sie sich zu Beginn auch für eine Geschenktüte oder Ähnliches. Sobald Ihr Hund das Prinzip verstanden hat, können Sie sich mehr Mühe beim Verpacken geben.

Außerdem sollte darauf geachtet werden, dass der Hund die Materialien nicht verspeist. Korrigieren Sie dieses Verhalten oder verschieben Sie die Aktivität auf einen späteren Zeitpunkt.

🐶 Aktivität 26 🐶

Nasse Nasen

(Indoor/Outdoor)

Dieses Spiel ist schnell vorbereitet und macht Hund und Halter Spaß. Ihr haariger Freund muss einige Leckerli aus dem Wasser fischen und dafür auch auf Tauchstation gehen.

Altersempfehlung: ab 12 Wochen

Empfohlene Übungsdauer:

- Etwa fünf Minuten pro Session
- Gelegentlich

Was wird benötigt?

- Ein Eimer, eine Schüssel oder ein ähnliches Gefäß
- Leckerli

Schritt 1: Füllen Sie einen Eimer, eine Schüssel oder ein kleines Planschbecken mit Wasser und werfen Sie einige schwimmende und einige nicht-schwimmende Leckerli hinein. Geben Sie diese nun für Ihren Vierbeiner frei.

Schritt 2: Ihr Hund muss sich konzentrieren, um die umhertreibenden Leckerli zu schnappen. Als Nächstes muss er herausfinden, wie er an die Leckerli gelangt, die sich unterhalb der Wasseroberfläche befinden.

Tipps, Tricks und Hinweise:

Sollte Ihr Hund besonderes Interesse am Tauchen nach Leckerli zeigen, ist vielleicht das Dog-Diving eine geeignete Sportart. Hierbei tauchen die Hunde im Pool einem Spielzeug hinterher.

Aktivität 27

Verstecken

(Indoor/Outdoor)

Dieses Denkspiel ist ein wahrer Klassiker und benötigt kaum Vorbereitung. Ziel ist es, dass Ihr Hund Sie sucht und findet.

Altersempfehlung: ab 4 Monaten

Empfohlene Übungsdauer:

- Etwa zehn Minuten pro Session
- Gelegentlich

Was wird benötigt?

- Einige Leckerli

Schritt 1: Schnappen Sie sich in einem unbeobachteten Moment eine Handvoll Leckerli und suchen Sie sich ein Versteck. Sobald Sie versteckt sind, rufen Sie Ihren Vierbeiner.

Schritt 2: Ihr Hund wird sich sofort auf die Suche nach Ihnen machen. Sobald er Sie gefunden hat, belohnen Sie ihn mit den Leckerli.

Tipps, Tricks und Hinweise:

Bei sehr sensiblen Junghunden kann dieses Spiel dazu führen, dass Sie Verlustängste entwickeln. Achten Sie unbedingt auf Anzeichen von Stress. Bemerken Sie, dass Ihr Hund Sie nach einem solchen Spiel nicht mehr aus den Augen lässt und regelrecht an

Ihnen klebt, können Sie das Spiel auch gezielter aufbauen, um Ihrem Hund einen sicheren Rahmen zu bieten. Geben Sie Ihrem Hund das Kommando „Bleib“, verstecken Sie sich und rufen Sie ihn. So ist für Ihren Hund vorhersehbar, was passieren wird.

Aktivität 28

Der Leckerli-Schalter

(Indoor)

Beim Leckerli-Schalter muss Ihr Hund ein wenig um die Ecke denken. Ziel ist es, dass Ihr Hund einen bestimmten Gegenstand (den Schalter) berührt, um an das Leckerli in Ihrer Hand zu gelangen.

Altersempfehlung: ab 6 Monaten

Empfohlene Übungsdauer:

- Etwa zehn Minuten pro Session
- Gelegentlich

Was wird benötigt?

- Leckerli
- Gegenstand, zum Beispiel eine PET-Flasche

Schritt 1: Setzen Sie sich vor Ihren Hund, stellen Sie eine PET-Flasche vor ihn und nehmen Sie ein Leckerli in die Hand. Halten Sie diese Hand geschlossen in Richtung Ihres Vierbeiners.

Schritt 2: Der Hund wird nun beginnen, Ihre Hand zu bearbeiten. Berührt er dabei zufällig oder gezielt die PET-Flasche, öffnen Sie Ihre Hand.

Schritt 3: Sobald Ihr Hund das Grundprinzip verstanden hat, können Sie den Abstand von Faust und Flasche erhöhen.

Tipps, Tricks und Hinweise:

Um das Spiel noch minimalistischer zu halten, kann auch Ihre andere Hand oder etwa Ihr Fuß den Schalter darstellen.

Aktivität 29

Die Leckerlirolle

(Indoor)

Auch dieses Spiel ist schnell vorbereitet und eignet sich gut, um Ihren Hund einen Moment zu beschäftigen. Ihr Hund muss überlegen, wie er an die Leckerli kommt, welche Sie zuvor in eine Decke eingewickelt haben. Das erfordert Konzentration und Ideenreichtum.

Altersempfehlung: ab 6 Monaten

Empfohlene Übungsdauer:

- Etwa zehn bis zwanzig Minuten pro Session
- Gelegentlich

Was wird benötigt?

- Eine Decke
- Leckerli

Schritt 1: Wickeln Sie einige Leckerli in eine Decke ein. Knüllen Sie diese zusammen und geben Sie Ihrem Hund das Signal zum Suchen.

Schritt 2: Ihr Hund muss die Decke jetzt mit vollem Körpereinsatz auseinanderfalten, um an die Leckerli zu gelangen.

Tipps, Tricks und Hinweise:

Achtung: Einige Hunde sind sehr gradlinig in ihren Lösungsansätzen und beißen sich einfach durch. Unterbinden Sie dies rechtzeitig, um Ihrem Hund zu zeigen, dass er nach einer anderen Lösung suchen muss.

🐶 Aktivität 30 🐶

Leckerli-Fangen (Indoor/Outdoor)

Die meisten Hunde können anfangs wenig damit anfangen, wenn man ihnen ein Leckerli zuwirft. Bei dieser Aktivität geht es darum, dass Ihr Hund sich so gut konzentriert, dass er die Leckerlis aus der Luft schnappt.

Altersempfehlung: ab 6 Monaten

Empfohlene Übungsdauer:

- Etwa fünf Minuten pro Session
- Ein- bis zweimal täglich

Was wird benötigt?

- zehn Leckerli

Schritt 1: Rufen Sie Ihren Hund zu sich und werfen Sie ihm nacheinander die Leckerli zu.

Schritt 2: Wenn Ihr Hund es schafft, ein Leckerli zu fangen, loben Sie ihn ausgiebig.

Schritt 3: Erhöhen Sie den Abstand zu Ihrem Vierbeiner und bauen Sie die Aktivität in Ihren Alltag ein.

Aktivität 31
Leckerli-Fangen für Fortgeschrittene (Indoor/Outdoor)

Ist Ihr Hund bereits gut darin, Leckerlis zu fangen, können Sie den Schwierigkeitsgrad erhöhen. Bei dieser Aktivität soll Ihr Hund ein Leckerli auf seiner Nase balancieren und dieses anschließend hochwerfen und fangen. Allein das Balancieren des Leckerli erfordert eine große Portion Konzentration. Diese Aktivität eignet sich außerdem gut, um die Impulskontrolle Ihres Hundes zu stärken.

Altersempfehlung: ab 6 Monaten

Empfohlene Übungsdauer:

- Etwa zehn Minuten pro Session
- Zwei- bis dreimal pro Woche

Schritt 1: Rufen Sie Ihren Hund zu sich und geben Sie ihm das Kommando „Sitz". Anschließend platzieren Sie ein Leckerli auf seiner Nase. Für den Start kann es hilfreich sein, die Schnauze des Hundes leicht von unten festzuhalten.

Schritt 2: Geben Sie Ihrem Hund nach wenigen Sekunden das Auflösesignal, sodass er sich das Leckerli schnappt.

Schritt 3: Erhöhen Sie die Dauer bis zum Auflösesignal allmählich. Mit jedem Übungsdurchlauf wird Ihr Hund besser darin, das Leckerli hochzuwerfen und zu fangen.

Tipps, Tricks und Hinweise:

Sollte Ihr Hund Schwierigkeiten haben, dem Reiz des Futters standzuhalten, beginnen Sie mit einer einfacheren Variante der Übung. Platzieren Sie die Leckerli zu Beginn auf dem Boden vor

Ihrem Hund oder auf dessen Pfoten. Dies ist außerdem eine beliebte Aktivität zum Steigern der Impulskontrolle.

Aktivität 32
Lichtschalter
(Indoor)

Für diese Aktivität empfiehlt es sich, dass Ihr Hund die Aktivität 74 „Anstupsen" beherrscht. Ziel ist es, dass Ihr Vierbeiner auf Kommando den Lichtschalter betätigt.

Altersempfehlung: ab 6 Monaten/je nach Größe

Empfohlene Übungsdauer:

- Etwa fünf Minuten pro Session
- Zwei- bis dreimal pro Woche

Was wird benötigt?

- Leckerli

Schritt 1: Begeben Sie sich mit Ihrem Hund zum Lichtschalter. Beginnen Sie mit einigen Taget-Übungen, damit Ihr Hund weiß, dass er Ihrer Hand folgen muss. Ihr Hund soll Ihre Hand mit seiner Nase berühren und wird dafür belohnt.

Schritt 2: Platzieren Sie Ihre Hand im nächsten Schritt so vor dem Lichtschalter, dass Ihr Hund diesen automatisch drückt, sobald er Ihre Hand anstupst. Bringen Sie ab hier das gewünschte Kommando ein.

Schritt 3: Beginnen Sie nun, die Hand vor dem Lichtschalter wegzulassen oder kurz vor der Berührung wegzuziehen, sodass Ihr Hund stattdessen den Lichtschalter anstupst. Sobald dies passiert, loben Sie ihn besonders.

<u>**Schritt 4**</u>: Wiederholen Sie die Aktivität so lange, bis Ihr Hund auf Kommando das Licht ein- und ausschaltet.

Tipps, Tricks und Hinweise:

Diese Aktivität kann alternativ auch über das Kommando „Tipp“ aus Aktivität 75 beigebracht werden. Hierbei drückt der Hund den Lichtschalter mit seiner Pfote. In diesem Fall sollte jedoch bedacht werden, dass Ihre Tapete darunter leidet, wenn Ihr Hund mal übereifrig oder aufgeregt ist.

Aktivität 33
Türen öffnen
(Indoor)

Eine weitere praktische Aktivität ist das Öffnen von Türen. Aufgaben im Alltag sorgen für mentale Auslastung und durch diese Aktivität kann Ihr Hund Ihnen eine echte Unterstützung sein, wenn Sie mal wieder die Hände voll haben.

Altersempfehlung: ab 6 Monaten/je nach Größe

Empfohlene Übungsdauer:

- Etwa fünf Minuten pro Session
- täglich

Was wird benötigt?

- Leckerli

<u>**Schritt 1**</u>: Platzieren Sie sich und Ihren Hund vor einer Tür mit leichtgängiger Türklinke.

<u>**Schritt 2**</u>: Nehmen Sie ein Leckerli zur Hand und bringen Sie Ihren Vierbeiner dazu, dass er diesem folgt.

Schritt 3: Locken Sie Ihren Hund mit dem Leckerli in Richtung Tür. Ziel ist es, dass er sich auf die Hinterpfoten stellt und sich mit den Vorderpfoten auf der Türklinke abstützt. Loben Sie ihn hierfür ausgiebig.

Schritt 4: Wiederholen Sie diese Aktivität einige Male und etablieren Sie das gewünschte Kommando.

Tipps, Tricks und Hinweise:

Diese Aktivität kann auch sehr gut über das Handtarget oder „Tipp" beigebracht werden. Für kleine Hunde kann alternativ ein Stück Seil an der Türklinke befestigt werden, an welchem der Hund ziehen soll, um die Tür zu öffnen.

Überlegen Sie sich in jedem Fall vorher gut, ob es eine gute Idee ist, Ihrem Hund zu zeigen, wie er Türen öffnen kann.

Aktivität 34
„Außen"/„Herum"
(Outdoor)

Das Kommando „Außen" bringt neuen Schwung in den Spaziergang und fordert Ihren Hund geistig heraus. Denn dieser soll auf den Befehl hin einen Gegenstand umrunden. Je nachdem, wie gut Ihr Hund diesen Trick beherrscht, zeigen Sie ihm konkret, wohin er laufen soll oder lassen ihn selbst nach Möglichkeiten zum Umrunden suchen.

Altersempfehlung: ab 6 Monaten

Empfohlene Übungsdauer:

- Etwa fünf Minuten pro Session
- Zwei- bis dreimal pro Woche

Was wird benötigt?

- Leckerli

Schritt 1: Suchen Sie sich einen Gegenstand in einer entspannten Lage, welchen Ihr Hund umrunden soll. Dies kann ein Baum, ein Poller oder auch ein großer Stein sein.

Schritt 2: Nehmen Sie ein Leckerli zur Hand und geben Sie Ihrem Hund das Kommando „Außen". Locken Sie ihn nun mit dem Leckerli um den Gegenstand herum und loben Sie ihn anschließend.

Schritt 3: Wiederholen Sie das vier- bis fünfmal und bauen Sie die Hilfestellung langsam ab. Ziel ist es, dass Ihr Hund auf Kommando den Gegenstand umrundet, auf welchen Sie deuten.

Aktivität 35
Arztspiel
(Indoor)

Diese Aktivität erfordert nicht nur Konzentration und Geduld von Ihrem Hund, sondern ist eine perfekte Vorbereitung auf eventuelle Tierarztbesuche. Es bietet sich an, diese Aktivität bereits im Welpenalter zu beginnen.

Altersempfehlung: ab 12 Wochen

Empfohlene Übungsdauer:

- Etwa fünf bis zehn Minuten pro Session
- Gelegentlich

Was wird benötigt?

- Leckerli

Schritt 1: Je nach Bedarf und Größe Ihres Hundes können Sie diesen entweder auf einem Tisch oder auf dem Fußboden vor sich platzieren.

Schritt 2: Führen Sie nun verschiedene Handlungen durch, streicheln Sie Ihren Hund an verschiedene Körperstellen, berühren Sie die Ohren und schauen Sie sich die Pfoten Ihres Vierbeiners an.

Schritt 3: Ziel ist es, dass Ihr Hund während der Prozedur ruhig und konzentriert bleibt und die Ausgangsposition nicht verlässt.

Schritt 4: Lösen Sie die Situation bereits nach wenigen Sekunden auf und loben Sie Ihren Hund für seine Geduld. Erweitern Sie die Dauer der Aktivität und die möglichen Handlungen nach Belieben.

3.4 Hütchenspiele und Co

In diesem Abschnitt zeigen wir Ihnen, wie Sie mit wenig Aufwand tolle Denkspiele für Ihren Hund zusammenstellen. Diese werden Ihren Hund mental herausfordern und ihm zeitgleich viel Freude bereiten.

Aktivität 36

Das Hütchenspiel

(Indoor)

Ein ganz klassisches Denkspiel für Hunde ist das Hütchenspiel. Hierbei soll Ihr Hund herausfinden, unter welchem Hütchen sich die Belohnung befindet. Dies erfordert nicht nur Konzentration, sondern auch Impulskontrolle.

Altersempfehlung: ab 4 Monaten

Empfohlene Übungsdauer:

- Etwa fünf Minuten pro Session
- Zwei- bis dreimal pro Woche

Was wird benötigt:

- 3 leere Joghurtbecher (oder Ähnliches, was leicht umgeworfen werden kann)
- Leckerli

Schritt 1: Setzen Sie Ihren Hund ab und legen Sie unter einen der drei Becher ein Leckerli.

Schritt 2: Geben Sie Ihrem Hund das Freigabesignal. Wirft er den richtigen Becher um, darf er sich die Belohnung schnappen.

Schritt 3: Erweitern Sie die Übung, indem Sie die Becher nach dem Verstecken des Leckerli untereinander vertauschen. Je länger Sie sich hierbei Zeit lassen, desto mehr ist die Aufmerksamkeit Ihres Hundes gefragt.

Aktivität 37
Hütchenkegeln
(Indoor)

Das klassische Hütchenspiel kennen Sie bereits, doch wussten Sie, wie vielfältig Hütchen sind, wenn es um Denkspiele für Hunde geht? In diesem Spiel muss Ihr Hund sämtliche Hütchen umwerfen, um an die versteckten Leckerli zu gelangen.

Altersempfehlung: ab 4 Monaten

Empfohlene Übungsdauer:

- Etwa fünf Minuten pro Session
- Gelegentlich

Was wird benötigt?

- 9 Hütchen (z. B. Plastikbecher)
- Leckerli

Schritt 1: Stellen Sie die Hütchen auf, verstecken Sie nur unter vier Hütchen ein Leckerli.

Schritt 2: Geben Sie Ihrem Hund das Kommando zum Suchen. Dieser muss nicht nur erschnüffeln, wo die Leckerli sind, sondern auch überlegen, wie er diese bekommt.

Schritt 3: Das Intelligenzspiel ist beendet, wenn Ihr Hund alle Leckerli erwischt hat.

Aktivität 38

Das XXL-Hütchen

(Indoor)

Auch beim XXL-Hütchen muss Ihr Hund eine Lösung erarbeiten, mit welcher er an ein verstecktes Leckerli gelangt. Dies erfordert in diesem Fall jede Menge Köpfchen von Ihrem Vierbeiner.

Altersempfehlung: ab 6 Monaten

Empfohlene Übungsdauer:

- Etwa zehn Minuten pro Session
- Gelegentlich

Was wird benötigt?

- Ein großer Plastikeimer (oder Ähnliches, beispielsweise eine Pylone)
- Leckerli

Schritt 1: Platzieren Sie einige Leckerli unter einem Plastikeimer und weisen Sie Ihren Hund an zu suchen.

Schritt 2: Ihr Hund muss herausfinden, wie er an die Leckerli gelangt. Hierfür ist ganzer Körpereinsatz gefragt.

Schritt 3: Motivieren Sie Ihren Hund, aktiv zu werden und loben Sie ihn ausführlich, wenn er sein Ziel erreicht hat.

Aktivität 39

Leckerli angeln

(Indoor)

Beim Leckerli Angeln muss Ihr Hund sich überlegen, wie er an ein Leckerli kommt, welches er mit der Schnauze nicht erreicht. Dies erfordert Kreativität und eine Menge Ausdauer.

Altersempfehlung: ab 12 Wochen

Empfohlene Übungsdauer:

- Etwa fünf Minuten pro Session
- Zwei- bis dreimal pro Woche

Was wird benötigt?

- Ein schmaler Gegenstand, z. B. eine Pylone oder eine halbierte PET-Flasche
- Leckerli

Schritt 1: Legen Sie einige Leckerli in den Gegenstand und legen Sie diesen so vor sich, dass Ihr Hund nur mithilfe seiner Pfoten an die Leckerli gelangen kann.

Schritt 2: Weisen Sie Ihren Hund auf den Gegenstand hin und geben Sie ihm das Such-Signal.

Schritt 2: Ihr Hund wird versuchen, mit vollem Körpereinsatz an die Leckerli zu kommen. Motivieren Sie Ihren Hund, wenn er aufgeben will und loben Sie ihn, sobald er seine Pfoten einsetzt und die Leckerli angelt.

Tipps, Tricks und Hinweise:

Alternativ können Sie die Leckerli auch unter einem Schrank oder dem Bett platzieren. Jedoch besteht dann die Gefahr, dass

Ihr Hund diese im Eifer des Gefechts noch weiter unter das Möbelstück schiebt.

Aktivität 40
Klorollengeschenk
(Indoor)

Diese Aktivität eignet sich super für zwischendurch, um Ihren Hund für kurze Zeit zu beschäftigen und geistig auszulasten. Ihr Vierbeiner muss herausfinden, wie er an die Leckerli gelangt, welche Sie zuvor in einer Klopapierrolle versteckt haben.

Altersempfehlung: ab 4 Monaten

Empfohlene Übungsdauer:

- Etwa fünf bis zehn Minuten pro Session
- Gelegentlich

Was wird benötigt?

- Eine leere Klopapierrolle
- Leckerli

Schritt 1: Legen Sie einige Leckerli in eine leere Klopapierrolle, knicken Sie die Enden um und reichen Sie diese Ihrem Hund.

Schritt 2: Ihr Hund muss nun versuchen, an die Leckerli zu gelangen. Wird Ihr Hund untätig, motivieren Sie ihn zum weitermachen.

Schritt 3: Sobald Ihr Hund beginnt, die Klopapierrollen zu öffnen, bestätigen Sie ihn verbal und freuen Sie sich mit ihm, sobald er die Leckerli erreicht.

Tipps, Tricks und Hinweise:

Bei sehr gefräßigen oder ungeduldigen Hunden sollte dieses Spiel nur unter Beobachtung stattfinden. Es gilt zu vermeiden, dass Ihr Vierbeiner die Rolle im Ganzen verspeist.

🐶 Aktivität 41 🐶

Der verflixte Karton

(Indoor)

Der verflixte Karton ist ein anspruchsvolles Denkspiel und fordert so einiges an Kopfarbeit von Ihrem Hund. Dieser muss einen Weg finden, an die geliebten Leckerli zu gelangen.

Altersempfehlung: ab 6 Monaten

Empfohlene Übungsdauer:

- Etwa zehn Minuten pro Session
- Gelegentlich

Was wird benötigt?

- Einige leere Klopapierrollen
- Ein Karton
- Leckerli

Schritt 1: Befestigen Sie die leeren Klopapierrollen aufrecht in einem Karton und legen Sie Leckerli in einige der Rollen.

Schritt 2: Ihr Hund muss nun herausfinden, wie er am besten an die Leckerli gelangt. Hier ist alles erlaubt: Karton auseinandernehmen, Karton umdrehen und Einsatz des ganzen Körpers.

Aktivität 42
Muffinspiel
(Indoor)

Das Muffinspiel macht Ihren Hund zur perfekten Spürnase, fördert seine Konzentration und lastet ihn mental aus. Ihr Hund muss bei diesem Spiel herausfinden, unter welchen Bällen Leckerli versteckt sind und wie er an diese gelangt.

Altersempfehlung: ab 4 Monaten

Empfohlene Übungsdauer:

- Etwa fünf bis zehn Minuten pro Session
- Gelegentlich

Was wird benötigt?

- Muffinform
- Bälle, die in die Muffinform passen
- Leckerli

Schritt 1: Lassen Sie Ihren Hund einige Leckerli aus der Muffinform fressen.

Schritt 2: Legen Sie jetzt ein Leckerli in jede Form und verschließen Sie diese mit einem Ball. Ihr Hund muss selbst herausfinden, wie er an die begehrten Leckerli gelangt.

Schritt 3: Beherrscht Ihr Hund diese Aktivität sehr gut, legen Sie nur noch in wenige Formen ein Leckerli, sodass Ihr Hund seine Nase einsetzen muss.

Aktivität 43

Flaschendrehen

(Indoor)

Beim Flaschendrehen handelt es sich um ein Denkspiel, welches Sie mit wenig Aufwand selbst basteln können. Nehmen Sie eine leere PET-Flasche zur Hand und bohren Sie mittig links und rechts ein Loch hinein. Stecken Sie jetzt einen Stock so hindurch, dass die Flasche sich drehen kann, während Sie die Enden des Stockes halten.

Altersempfehlung: ab 4 Monaten

Empfohlene Übungsdauer:

- Etwa fünf Minuten pro Session
- Gelegentlich

Was wird benötigt?

- Leere PET-Flasche
- Stock/Stab
- Leckerli

Schritt 1: Füllen Sie einige Leckerli in die Flasche und halten Sie die Enden des Stockes fest.

Schritt 2: Ihr Hund muss nun herausfinden, wie er es schafft, an die Leckerli zu gelangen. Hierfür muss er die Flasche mit Schnauze oder Pfoten so drehen, dass diese herausfallen.

Tipps, Tricks und Hinweise:

Sollte Ihr Hund Probleme bei der Aktivität haben, kann es helfen, ihm die Lösung einmal zu zeigen. Zeigen Sie ihm, dass sich die Flasche drehen kann und hierbei Leckerli herausfallen.

Bauen Sie eine Art Ständer für die Konstruktion, erhalten Sie ein tolles selbststehendes Intelligenzspielzeug, welches Sie immer wieder verwenden können.

Aktivität 44

Spielzeug für Denkspiele
(Indoor)

Neben dem kreativen Denksport, den selbstgebastelten Denkspielen und denen ohne jegliche Hilfsmittel gibt es natürlich auch Hundespielzeug zu kaufen, welches auf die Förderung von Konzentration und Intelligenz des Hundes ausgelegt ist. Dieses bekommt man in der Regel im Tierfachhandel oder in zahlreichen Online-Shops.

Der Ablauf ist hierbei immer ähnlich, das Spielzeug wird mit Leckerli bestückt und der Hund muss herausfinden, wie er an die Leckerli kommt und dabei jede Menge Köpfchen beweisen. Im Folgenden stellen wir Ihnen drei dieser Spielzeuge vor.

Altersempfehlung: ab 12 Wochen

Empfohlene Übungsdauer:

- Etwa fünf bis zehn Minuten pro Session
- Gelegentlich

Was wird benötigt?

- Das jeweilige Spielzeug
- Füllung

Aktivität 44.1 Der Futterball

Dieses Intelligenzspielzeug eignet sich dafür, Ihren Hund einige Zeit zu beschäftigen und zeitgleich mental auszulasten. Er hat innen einen großen Hohlraum und außen kleine Löcher. Befüllen Sie ihn mit Leckerli und sehen Sie zu, wie Ihr Hund den Ball umherrollt, um an die Leckerli zu gelangen.

Schritt 1: Füllen Sie den Ball mit Leckerli und geben Sie ihn für Ihren Hund frei.

Schritt 2: Ihr Hund muss nun herausfinden, wie er an die Leckerli im Inneren des Balls gelangt. Dies geschieht durch Umherrollen des Futterballs.

Schritt 3: Sollte Ihr Hund die Motivation verlieren, animieren Sie ihn zum Weitermachen. Gegebenenfalls rollen Sie den Ball einmal einige Meter weit durchs Zimmer.

Tipps, Tricks und Hinweise:

Sollte diese Aktivität zu einfach für Ihren Hund sein, können Sie den Futterball zusätzlich verstehen oder die Bewegungsfläche des Balls einschränken, indem Sie ihn beispielsweise auf ein Tablet legen.

Aktivität 44.2 Der gefrorene Kong

Dieses Denkspiel beschäftigt Ihren Hund einige Zeit lang und wird besonders gern bei Hunden eingesetzt, die Probleme mit dem Alleinbleiben haben. Ihr Hund muss seinen Kopf einsetzen und sich stark konzentrieren. Als Belohnung erarbeitet er sich seine Futterration oder einen Snack. Bei dem Kong handelt es sich um ein befüllbares kegelförmiges Spielzeug aus Naturkautschuk.

Schritt 1: Füllen Sie den Kong nach Belieben. Besonders geeignet sind unter anderem Joghurt und einzelne Leckerli.

Schritt 2: Frieren Sie ihn ein.

Schritt 3: Geben Sie ihn für Ihren Hund frei und beobachten Sie, wie er versucht, an den Inhalt zu gelangen.

Tipps, Tricks und Hinweise:

Natürlich klappt das Ganze auch ohne Einfrieren. Sie können auch verschiedene Leckerli in den Kong stecken, welche nicht von selbst herausfallen, sondern vom Hund erarbeitet werden müssen. Auch Hundeleberwurst, Banane und Käse eignen sich zum Füllen.

Aktivität 44.3 Intelligenzspiele aus Holz

Besonders beliebt sind Denkspiele aus Holz. Bei diesen vorgefertigten Spielbrettern muss der Hund Holzplatten verschieben oder Holzhütchen hochheben, um an die versteckten Leckerli zu gelangen. Sie können im Tierfachhandel gekauft oder selbst gebaut werden. Im Internet finden sich hierzu zahlreiche Anleitungen.

Schritt 1: Füllen Sie die Kerben mit Leckerli und bedecken Sie diese entsprechend mit den verschiebbaren Holzplatten und Hütchen.

Schritt 2: Ihr Hund muss genau überlegen, wie er an die Leckerli kommt. Zur Lösung können Nase, Maul und Pfoten zum Einsatz kommen.

Aktivität 45

Der Leckerliturm

(Indoor)

Der Leckerliturm ist besonders für Hunde geeignet, die einen geringen Zerstörtrieb haben. Denn hier gilt es, gezielt Pappstreifen zu entfernen, um an die Leckerli zu gelangen.

Altersempfehlung: ab 4 Monaten

Empfohlene Übungsdauer:

- Etwa zehn Minuten pro Session
- Gelegentlich

Was wird benötigt?

- Eine leere Küchenrolle, Cuttermesser, Pappstreifen
- Leckerlis

Schritt 1: Schneiden Sie die leere Küchenrolle mit dem Cuttermesser so ein, dass Sie den Pappstreifen hineinstecken können. Auf diesen legen Sie nun ein Leckerli.

Schritt 2: Um an das Leckerli zu gelangen, muss Ihr Hund nun den Pappstreifen entfernen. Tut er das, fällt das Leckerli unten heraus.

3.5 Sportliche Denkspiele

In diesem Kapitel finden Sie Übungen, bei denen Ihr Vierbeiner nicht nur Köpfchen beweisen muss, sondern zusätzlich körperlich ausgelastet wird. Diese eignen sich unter anderem hervorragend für die Pubertät, welche etwa mit dem siebten Lebensmonat einsetzt. Ihr Hund hat plötzlich endlose Energie und vielleicht sogar einen gesteigerten Jagdtrieb. Mit diesen

Übungen kann Ihre Fellnase ihren Bewegungsdrang gezielt ausleben und wird zugleich geistig gefördert.

Aktivität 46

Slalom durch die Beine (Indoor/Outdoor)

Slalom durch die Beine ist eine tolle Übung, um Ihrem Hund Körperkontrolle und Konzentration beizubringen. Während Sie voranschreiten, läuft Ihr Hund im Slalom durch Ihre Beine.

Altersempfehlung: ab 6 Monaten

Empfohlene Übungsdauer:

- Etwa fünf Minuten pro Session
- Zwei- bis dreimal pro Woche

Was wird benötigt?

- Clicker
- Leckerli

Schritt 1: Nehmen Sie ein Leckerli in Ihre Hand, machen Sie einen Schritt nach vorn und locken Sie Ihren Hund mit dem Leckerli unter Ihrem Bein durch. Sobald Ihr Hund unter Ihnen hindurchgeht, loben Sie Ihren Hund und belohnen ihn dem Leckerli.

Schritt 2: Hat der erste Schritt funktioniert, bauen Sie zeitnah das gewünschte Kommando, zum Beispiel „Slalom“ ein.

Schritt 3: Zögern Sie das Lob und die Belohnung langsam heraus, bis Sie einen weiteren Schritt machen, unter dem Ihr Hund hindurchgeht.

Schritt 4: Üben Sie weiter, ohne Ihren Hund mit dem Leckerli zu locken. Verlängern Sie die Aktivität beliebig; achten Sie jedoch darauf, dass Ihr Hund motiviert bleibt.

Tipps, Tricks und Hinweise:

Beherrscht Ihr Hund das Anstupsen aus Aktivität 74, kann dies statt dem Leckerli genutzt werden, um die Slalom-Aktivität aufzubauen. Achten Sie in jedem Fall darauf, früh ein Kommando einzuführen. Schließlich wollen Sie nicht, dass Ihr Hund Ihnen bei jedem Schritt vor die Füße läuft, weil er denkt, es sei Trainingszeit.

Aktivität 47

Wald- und Wiesen-Agility (Outdoor)

Das sogenannte Wald- und Wiesen-Agility lastet Ihren Hund gleichermaßen körperlich und geistig aus. Verschiedene Übungen aus dem Agility werden auf Gegebenheiten in der Natur übertragen.

Altersempfehlung: ab 12 Monaten

Empfohlene Übungsdauer:

- Etwa zehn Minuten pro Session
- Gelegentlich

Was wird benötigt?

- Leckerli

Schritt 1: Suchen Sie auf Ihrem Spaziergang nach möglichen Agility-Übungen.

Schritt 2: Weisen Sie Ihren Hund an, auf oder über Baumstämme zu springen, Dinge zu umkreisen oder sogar im Slalom zu laufen. Finden Sie etwas, worunter Ihr Hund durchkriechen muss und lassen Sie ihn balancieren.

Schritt 3: Achten Sie auf eine möglichst saubere Ausführung und loben Sie Ihren Hund nach jeder Übung.

Tipps, Tricks und Hinweise:

Beachten Sie, dass bei dieser Aktivität hauptsächlich der Spaß im Vordergrund stehen soll. Der Spaziergang soll interessanter und herausfordernder gestaltet werden. Präzise Bewegungen Ihres Hundes können Sie nur durch entsprechende Agility-Gegenstände gewährleisten.

Wichtig: Das Springen aus Spaß oder zu Trainingszwecken sollte **erst ab dem ersten Geburtstag** Ihres Hundes stattfinden, um die noch weichen Knochen und Gelenke nicht zu sehr zu belasten. Beginnen Sie mit kleinen Sprüngen und steigern Sie die Höhe allmählich.

Aktivität 48
Reifensprung
(Indoor/Outdoor)

Wie der Name schon sagt, geht es beim Reifensprung darum, dass Ihr Hund durch einen Reifen springt. Dies ist natürlich kein Denkspiel im eigentlichen Sinne, dennoch sollten solche Tricks nicht unterschätzt werden. Das Merken und Abrufen solcher Übungen fordert einiges an mentalen Fähigkeiten.

Altersempfehlung: ab 12 Monaten

Empfohlene Übungsdauer:

- Etwa fünf Minuten pro Session

- Zwei- bis dreimal pro Woche

Was wird benötigt?

- Leckerli
- Ein Reifen

Schritt 1: Stellen Sie den Reifen aufrecht auf den Boden und locken Sie Ihren Hund mithilfe eines Leckerlis hindurch. Loben Sie das Durchgehen ausgiebig.

Schritt 2: Wiederholen Sie den ersten Schritt einige Male und heben Sie den Reifen dabei leicht vom Boden ab. Sobald Ihr Hund einen Sprung macht, etablieren Sie das gewünschte Kommando, zum Beispiel „Hopp".

Schritt 3: Halten Sie den Reifen auf verschiedenen Höhen und bringen Sie Bewegung ins Spiel. Wenn Ihr Hund weiterhin erfolgreich hindurchspringt, war die Aktivität erfolgreich.

Tipps, Tricks und Hinweise:

Wenn Ihr Hund diesen Trick gut beherrscht, probieren Sie doch einmal, einen Ring mit Ihren Armen zu formen und Ihren Hund hindurchspringen zu lassen. Das erfordert noch einmal eine Menge Köpfchen und macht den Trick flexibel einsetzbar.

Aktivität 49

Podestspaziergang
(Indoor)

Diese Aktivität sorgt für körperliche Auslastung, während Ihr Hund einiges an Konzentration aufbringen muss. Er soll über mehrere Podeste laufen. Hier ist eine gute körperliche Koordination gefragt.

Altersempfehlung: ab 6 Monaten

Empfohlene Übungsdauer:

- Etwa fünf bis zehn Minuten pro Session
- Gelegentlich

Was wird benötigt?

- Mindestens vier Podeste (Tritt, Eimer oder Ähnliches)
- Leckerli

Schritt 1: Stellen Sie mehrere Podeste so hintereinander auf, dass Ihr Hund bequem darüber laufen kann. Lassen Sie jedoch kleine Lücken zwischen den einzelnen Podesten.

Schritt 2: Locken Sie Ihren Hund mit einem Leckerli über die Podeste. Dieser muss sich stark konzentrieren, um dem Leckerli zu folgen und zeitgleich mit den Pfoten auf den Podesten zu landen.

Tipps, Tricks und Hinweise:

Achten Sie darauf, dass die verwendeten Podeste tritt- und standfest sind, um Unfälle zu vermeiden.

Aktivität 50
Podestespringen
(Indoor)

Hat Ihr Hund den Podestspaziergang perfektioniert, wird es Zeit, die Schwierigkeit zu erhöhen. Hierfür können Sie die Aktivität so weit steigern, dass Ihr Hund von Podest zu Podest springt. Gezielte Sprünge auf kleine Flächen fordern Ihrem Hund nicht nur Körperkontrolle, sondern auch eine große Portion Hirnleistung ab.

Altersempfehlung: ab 12 Monaten

Empfohlene Übungsdauer:

- Etwa fünf bis zehn Minuten pro Session
- Gelegentlich

Was wird benötigt?

- Einige Podeste
- Leckerli

Schritt 1: Machen Sie zur Vorbereitung einen Durchlauf vom Podestspaziergang.

Schritt 2: Erhöhen Sie allmählich den Abstand zwischen den einzelnen Podesten, bis Ihr Hund springen muss.

Schritt 3: Finden Sie einen geeigneten Abstand. Ihr Hund soll bequem von Podest zu Podest springen können. Loben Sie ihn für jeden erfolgreichen Sprung.

Tipps, Tricks und Hinweise:

Achten Sie auch bei dieser Aktivität dringend auf rutsch- und standfeste Podeste. Außerdem lässt sich die Aktivität auch gut nach draußen übertragen, indem Ihr Hund von Stein zu Stein oder von Baumstamm zu Baumstamm springt. Etablieren Sie hierfür am besten ein Sprungkommando wie „Hopp".

Wichtig: *Grundsätzlich gilt es, keine Sprünge vor dem ersten Geburtstag zu machen! Es ist von Rasse zu Rasse unterschiedlich, wann die Muskulatur komplett ausgereift ist. Hat der Hund genetische Erkrankungen wie eine Hüftgelenksdysplasie und Ähnliches sollten Sie ihn nicht springen lassen und das Springen schon gar nicht noch zusätzlich forcieren. Ebenso sollten Sie es vermeiden, Ihren Hund ohne vorheriges Aufwärmen – also kalt – springen zu lassen.*

Aktivität 51

Zirkus

(Indoor/Outdoor)

Bei dieser Aktivität soll Ihr Hund die Vorderpfoten auf einem Podest abstellen, genau wie man es aus dem Zirkus kennt.

Altersempfehlung: ab 6 Monaten

Empfohlene Übungsdauer:

- Etwa fünf Minuten pro Session
- Gelegentlich

Was wird benötigt?

- Leckerli
- Podest (Eimer, Tritt oder Ähnliches)

Schritt 1: Stellen Sie ein Podest auf und rufen Sie Ihren Hund zu sich.

Schritt 2: Bringen Sie Ihren Hund dazu, einem Leckerli in Ihrer Hand zu folgen und loben Sie ihn dafür.

Schritt 3: Locken Sie Ihren Hund nun zum Podest und halten Sie das Leckerli so hoch, dass Ihr Hund mit den Vorderpfoten auf das Podest steigen muss, um an das Leckerli zu gelangen.

Schritt 4: Sobald Ihr Hund beide Vorderpfoten auf dem Podest abstellt, loben Sie ihn ausgiebig.

Schritt 5: Etablieren Sie ein Kommando. Hier ist das richtige Timing gefragt: Bringen Sie das Kommando ein, kurz bevor der Hund die gewünschte Position einnimmt und loben Sie ihn anschließend.

Tipps, Tricks und Hinweise:

Diese Aktivität eignet sich hervorragend, um Ihren Hund auf dem Spaziergang geistig auszulasten. Sobald Sie etwas sehen, was Ihr Hund als Podest nutzen kann, geben Sie das Kommando. Jetzt ist Köpfchen gefragt; Ihr Hund muss sich umsehen und herausfinden, wo er den Trick vorführen soll.

Aktivität 52
Balancieren
(Indoor/Outdoor)

Balancieren ist eine tolle Möglichkeit, Ihrem Hund Konzentration und Körperkontrolle nahezubringen.

Wo immer es sich anbietet, fordern Sie Ihren Hund auf, zu balancieren. Ähnlich wie in Aktivität 51 soll der Hund konzentriert auf einem Gegenstand gehen, nur dass dieser im Gegensatz zum Podestspaziergang variieren kann. So können Sie die Aktivität im Alltag und auf Spaziergängen integrieren.

Altersempfehlung: ab 6 Monaten

Empfohlene Übungsdauer:

- Etwa fünf bis zehn Minuten pro Session
- Gelegentlich

Was wird benötigt?

- Leckerli
- Ein Ort zum Balancieren

Schritt 1: Suchen Sie eine Gelegenheit zum Balancieren, etwa ein liegender Baumstamm.

<u>Schritt 2</u>: Locken Sie Ihren Hund mit einem Leckerli den Baumstamm entlang. Je schmaler dieser ist, desto größer die Herausforderung. Loben Sie Ihren Hund am Ende des Baumstamms ausgiebig.

<u>Schritt 3</u>: Bauen Sie das Lockmittel nach und nach ab und etablieren Sie stattdessen ein Kommando.

Tipps, Tricks und Hinweise:

Diese Aktivität lässt sich super auf Spaziergängen einbauen. Sobald Sie eine Gelegenheit zum Balancieren sehen, schicken Sie Ihren Hund los. Nach kurzer Zeit wird Ihr Hund schon beim Erblicken von Baumstämmen und Ähnlichem wissen, was zu tun ist.

🐶 Aktivität 53 🐶

Rückwärts

(Indoor/Outdoor)

Rückwärtsgehen auf Kommando kann im Alltag häufig hilfreich sein. In jedem Fall aber ist es eine herausfordernde Aktivität für Ihren Vierbeiner.

Altersempfehlung: ab 6 Monaten

Empfohlene Übungsdauer:

- Etwa fünf Minuten pro Session
- täglich

Was wird benötigt?

- Leckerli

<u>Schritt 1</u>: Rufen Sie Ihren Hund zu sich, sagen Sie das gewünschte Kommando, z. B. „zurück“, und drängen Sie Ihren

Vierbeiner ein Stück zurück. Loben Sie ihn, sobald er einen Schritt rückwärts macht, da ihn das Bedrängen verunsichern kann.

Schritt 2: Üben Sie dies so lange, bis Ihr Hund auf Kommando einen Schritt zurück macht, auch ohne, dass Sie ihn bedrängen.

Schritt 3: Üben Sie nun weiter, bis Ihr Hund mehrere Schritte rückwärtsgeht, sobald Sie das Kommando erteilen.

Tipps, Tricks und Hinweise:

„Bedrängen" ist in diesem Kontext keinesfalls gewaltvoll gemeint. Gehen Sie auf Ihren Hund zu, bis Sie ihn leicht berühren und dieser nach hinten ausweicht. Alternativ können Sie auch versuchen, das Rückwärtsgehen mit einem Leckerli in der Hand zu erreichen. Eine weitere Möglichkeit wäre es, das Verhalten „einzufangen". Wenn Sie einen Hund haben, der sowieso immer wieder rückwärtsgeht, loben Sie ihn, sobald er das Verhalten zeigt und geben ihm ein Leckerli. In weiterer Folge wird er es von sich aus öfter zeigen und Sie können es unter Kommando stellen.

Aktivität 54

Rückwärtsgang mit Hindernissen

(Indoor/Outdoor)

Bei dieser Aktivität soll Ihr Hund rückwärts über Hindernisse gehen. Diese Aktivität bringt mehrere Vorteile mit sich. Neben Körperkontrolle und Konzentration sorgt sie für eine gute Bindung und Vertrauen zwischen Ihnen und Ihrem Hund.

Altersempfehlung: ab 6 Monaten

Empfohlene Übungsdauer:

- Etwa fünf bis zehn Minuten pro Session
- Gelegentlich

Was wird benötigt?

- Leckerli
- Hindernisse

Schritt 1: Fordern Sie Ihren Hund auf, rückwärtszugehen und loben Sie ihn dafür.

Schritt 2: Legen Sie nun einige kleinere Hindernisse, beispielsweise Stangen, hinter Ihren Hund, über welche er gut steigen kann. Loben Sie bei Gelingen.

Schritt 3: Weiten Sie die Aktivität immer weiter aus. Sie können zum Beispiel versuchen, Ihren Hund rückwärts eine Treppe hinaufgehen zu lassen. Dies ist jedoch eine große Herausforderung, achten Sie daher dringend auf Anzeichen für Stress und Unsicherheit.

Anmerkung: Manche Rassen sollen keine oder kaum Treppen steigen. Dazu zählen Rassen, deren Rücken im Verhältnis zur Länge ihrer Beine sehr lange sind. Dazu gehören zum Beispiel der Dackel, der Pekinese, der Corgi, die französische Bulldogge und der Basset Hound.

Aktivität 55

Tunnel

(Indoor/Outdoor)

Die Tunnel-Aktivität kennen Sie vermutlich aus dem Agility. Ziel ist es, dass Ihr Hund auf Kommando durch einen Tunnel flitzt.

Altersempfehlung: ab 4 Monaten

Empfohlene Übungsdauer:

- Etwa fünf bis zehn Minuten pro Session
- Gelegentlich

Was wird benötigt?

- Ein Kriechtunnel
- Leckerli

Schritt 1: Stellen Sie den Tunnel auf und machen Sie Ihren Hund damit bekannt. Loben Sie ihn für jegliche Annäherung.

Schritt 2: Platzieren Sie Ihren Hund an einem und sich am anderen Ende des Tunnels und versuchen Sie, Ihren Hund mithilfe eines Leckerli durch den Tunnel zu locken. Achten Sie darauf, den Ausgang des Tunnels nicht mit Ihrem Körper zu blockieren. Strecken Sie am besten nur die Hand vor den Tunnel. Sollte Ihr Hund zögern, belohnen Sie jeden Schritt in den Tunnel hinein.

Schritt 3: Die Aktivität ist abgeschlossen, wenn Ihr Hund auf Kommando durch den Tunnel läuft.

Tipps, Tricks und Hinweise:

Tunnel können ganz schön gruselig sein. Die Enge, das Rascheln und allgemein das Unbekannte verunsichern auch souveräne und mutige Vierbeiner. Sollte Ihr Hund zur zögerlichen Sorte gehören, werfen Sie einige Leckerli zum Suchen in den Tunnel und locken Sie ihn schrittweise zum anderen Ende.

Aktivität 56

Tunnel mit Hindernissen

(Indoor/Outdoor)

Beherrscht Ihr Hund die Tunnel-Aktivität perfekt, wird es Zeit, etwas frischen Wind in die Aktivität zu bringen. Legen Sie einige Materialien in den Tunnel, um Ihren Hund herauszufordern.

Altersempfehlung: ab 4 Monaten

Empfohlene Übungsdauer:

- Etwa fünf bis zehn Minuten pro Session
- Gelegentlich

Was wird benötigt?

- Tunnel
- Materialien wie Decken, Zeitungspapier und Ähnliches
- Leckerli

Schritt 1: Legen Sie verschiedene Materialien in den Kriechtunnel. Ihr Hund soll noch immer bequem durchlaufen können.

Schritt 2: Schicken Sie Ihren Vierbeiner durch den Tunnel. Dieser muss sich erst einmal auf die neue Situation einstellen und überlegen, wie er diese meistert.

Schritt 3: Loben Sie Ihren Hund bei Gelingen.

Aktivität 57

Sacktunnel: die Mutprobe

(Indoor/Outdoor)

In dieser Aktivität wird aus dem normalen Tunnel eine ganz neue Herausforderung. Denn statt der gewohnten Öffnung erwartet Ihren Hund ein Vorhang, durch welchen er sich hindurchschieben muss.

Altersempfehlung: ab 4 Monaten

Empfohlene Übungsdauer:

- Etwa fünf bis zehn Minuten pro Session
- Gelegentlich

Was wird benötigt?

- Tunnel
- Leichte Decke, Handtuch oder Ähnliches
- Leckerli

Schritt 1: Beginnen Sie mit einem gewohnten Durchgang und schicken Sie Ihren Hund einige Male durch den Tunnel.

Schritt 2: Befestigen Sie nun am Ausgang des Tunnels ein leichtes Tuch oder eine Decke. Der Hund soll sich bequem hindurchschieben können, ohne dass sich das Tuch löst.

Schritt 3: Schicken Sie Ihren Hund jetzt wie gewohnt durch den Tunnel. Sollte er zögern, motivieren Sie ihn. Loben Sie ausgiebig, wenn Ihr Hund die Aktivität schafft.

Tipps, Tricks und Hinweise:

Sollte Ihr Hund nicht den Mut finden, sich durch das Tuch zu schieben, können Sie ihm vorerst Hilfestellung geben. Halten Sie den Ausgang mit der Hand leicht geöffnet und locken Sie Ihren Hund mithilfe eines Leckerlis hindurch. Bauen Sie diese Hilfestellung anschließend langsam wieder ab.

Aktivität 58

Slalom

(Outdoor)

Gezieltes Slalomlaufen fördert die Konzentration Ihres Hundes und erfordert gezielte und flüssige Bewegungsabläufe. Mit wenigen Hilfsmitteln wird Ihr Hund also körperlich und geistig ausgelastet.

Altersempfehlung: ab 6 Monaten

Empfohlene Übungsdauer:

- Etwa zehn Minuten pro Session
- Zwei- bis dreimal pro Woche

Was wird benötigt?

- Slalomstangen
- Leckerli

Schritt 1: Stellen Sie die Slalomstangen auf und machen Sie Ihren Hund mit diesen vertraut.

Schritt 2: Stellen Sie sich mit Ihrem Vierbeiner an den Start, nehmen Sie ein Leckerli zur Hand und führen Sie Ihren Hund damit durch die Slalomstangen.

Schritt 3: Sorgen Sie dafür, dass Ihr Hund eng Ihrer Hand folgt und belohnen Sie ihn regelmäßig. Zu Beginn ist es möglicherweise notwendig, dass Sie Ihren Hund nach jeder Stange belohnen.

Schritt 4: Bauen Sie die Hilfestellung nach und nach ab, indem Sie die Abstände zwischen den Belohnungen verlängern. Ziel ist es, dass Ihr Hund auf Ihren Fingerzeig allein durch den Slalom flitzt.

Tipps, Tricks und Hinweise:

Sollte Ihr Hund Probleme mit der Aktivität haben, probieren Sie folgende Methode:

Stecken Sie die Stangen etwas schräg in den Boden, sodass die oberen Enden nach außen zeigen und ein sogenannter V-Slalom entsteht. Dieser ist nun weniger eng und Ihr Hund kann bequemer hindurchlaufen. Sobald Ihr Hund dem Leckerli durch den V-Slalom entspannt folgt, beginnen Sie, die Stangen langsam zu begradigen.

Aktivität 59

Das Wackelbrett

(Indoor/Outdoor)

Gleichgewicht zu halten, erfordert von Ihrem Hund viel Körperkontrolle, Anspannung sowie Konzentration und ist dadurch perfekt für unsere Sammlung an Denk- und Intelligenzspielen geeignet. Junge Hunde profitieren bei dieser Aktivität von einem guten Körpergefühl und gesteigertem Vertrauen in Ihren Halter.

Altersempfehlung: ab 6 Monaten

Empfohlene Übungsdauer:

- Etwa fünf Minuten pro Session
- täglich

Was wird benötigt?

- Leckerli
- Ein Brett
- Ein Wasserball

Schritt 1: Besorgen Sie ein Brett, auf dem Ihr Hund gut stehen kann; allerdings sollte es nicht zu groß sein. Sorgen Sie dafür, dass es weitestgehend rutschfest ist. Machen Sie Ihren Hund mit diesem Brett vertraut.

Schritt 2: Legen Sie jetzt einen Wasserball unter das Brett, welchen Sie nur ganz leicht aufgepustet haben. Gerade genug, damit das Brett ein wenig wackelt. Locken Sie Ihren Hund mit Leckerli auf das Brett und loben Sie ihn.

Schritt 3: Steigern Sie diese Aktivität so weit, dass das Brett so wackelig ist, dass der Hund sich gut konzentrieren muss, um das

Gleichgewicht zu halten. Bestenfalls steht Ihr Hund für mehrere Sekunden auf dem Brett, bevor Sie die Aktivität auflösen.

Tipps, Tricks und Hinweise:

Sollten Sie keinen Wasserball zur Hand haben oder für Abwechslung sorgen wollen, können Sie auch andere Materialien verwenden. Auch ein zusammengeknülltes Handtuch sorgt zum Beispiel für viel Wackelei.

Aktivität 60
Die Wippe
(Outdoor)

Die Wippe ist ein weiterer Klassiker im Agility-Parcours und kinderleicht nachzubauen. Legen Sie ein Stück Kaminholz unter ein langes Brett und schon ist die Wippe fertig. Beachten Sie hierbei: Je länger das Brett und je niedriger das Holzstück, desto geringer ist die Neigung beim Kippen.

Altersempfehlung: ab 6 Monaten

Empfohlene Übungsdauer:

- Etwa zehn Minuten pro Session
- Zweimal pro Woche

Was wird benötigt?

- Wippe
- Leckerli

Schritt 1: Machen Sie Ihren Vierbeiner mit der Wippe vertraut.

Schritt 2: Nehmen Sie ein Leckerli zur Hand und führen Sie Ihren Hund auf die Wippe. Halten Sie Ihre Hand dabei möglichst niedrig, damit Ihr Hund sieht, wohin er tritt.

Schritt 3: Führen Sie Ihren Hund langsam und behutsam über die Wippe. Loben und bestärken Sie Ihren Hund durchgängig.

Schritt 4: Wiederholen Sie den Durchgang einige Male und versuchen Sie die Herausforderung nicht zu schnell zu steigern. Erhöhen Sie die Geschwindigkeit, in welcher Ihr Hund die Wippe überquert, allmählich. Achten Sie besonders darauf, dass Ihr Hund in der Mitte der Wippe kurz verharrt oder sein Tempo verringert.

Schritt 5: Die Aktivität ist abgeschlossen, sobald Ihr Hund die Wippe auf Kommando selbstständig überquert.

Tipps, Tricks und Hinweise:

Sollte Ihr Hund im Moment des Wippens unsicher oder schreckhaft reagieren, holen Sie sich eine zweite Person zur Hilfe. Diese hält das Brett fest und verlangsamt so den Wippvorgang. Um ein Abspringen zu verhindern, können Sie Ihren Hund die ersten Male an der Leine über die Wippe führen.

Um das Kippen bei hohen Wippen abzufedern, schafft ein flaches Kissen unter jedem Ende für Abhilfe.

Aktivität 61

Taststraßen

(Indoor/Outdoor)

Neben der mentalen und körperlichen Auslastung bringen Taststraßen weitere Vorteile mit sich. Sie gewöhnen Ihren Hund spielerisch an verschiedene Untergründe und beugen so Ängsten vor. Ihr Hund lernt, wie sich verschiedene Untergründe anfühlen und welche Geräusche dabei entstehen. Dies erfordert eine große Portion Impulskontrolle und Konzentration von Ihrem Hund. Diese Aktivität eignet sich vor allem für Welpen in der Sozialisierungsphase und Junghunde, da diese für gewöhnlich erst wenige Untergründe kennen.

Altersempfehlung: ab 4 Monaten

Empfohlene Übungsdauer:

- Etwa zehn Minuten pro Session
- Gelegentlich

Was wird benötigt?

- Leckerli
- Verschiedene Untergründe (Gras, Folie, Sand, Kissen, Styropor, Plastiksäcke, Gummi, Fußmatten mit Struktur etc.)

Schritt 1: Gestalten Sie eine Taststraße. Lassen Sie zu Beginn zwischen den verschiedenen Untergründen ausreichend Platz, um Ihrem Hund eine Pause zu ermöglichen.

Schritt 2: Locken Sie Ihren Hund mit einem Leckerli die Taststraße entlang. Loben und belohnen Sie ihn für jedes Betreten eines neuen Untergrundes. Gehen Sie langsam und behutsam vor und bieten Sie Ihrem Vierbeiner die Chance, sich auf die unterschiedlichen Reize einzustellen.

Tipps, Tricks und Hinweise:

Fremde Untergründe können einem Hund wirklich Angst machen, besonders wenn beim Betreten Geräusche wie Rascheln oder Quietschen entstehen. Achten Sie darauf, Ihren Hund nicht zu überfordern und ihm ausreichend Pausen zu gönnen. Ziehen Sie Ihren Hund niemals gegen seinen Willen auf einen Untergrund, der ihm Angst macht. Besonders im Junghundalter können solche negativen Erfahrungen den Hund fürs ganze Leben prägen.

3.6 Wasserspiele

Aktivität 62

Futterinseln

(Indoor/Outdoor)

Die Aktivität „Futterinseln“ eignet sich hervorragend, um Ihren Hund mental zu beschäftigen, ihn im Sommer abzukühlen und wasserscheue Hunde mit dem Wasser vertraut zu machen. Ziel ist es, dass Ihr Hund alle versteckten Leckerli auf den Inseln im Pool entdeckt.

Altersempfehlung: ab 12 Wochen

Empfohlene Übungsdauer:

- Etwa fünf bis 10 Minuten
- Gelegentlich

Was wird benötigt?

- Ein kleiner Pool
- Schwimmende Gegenstände wie Wasserspielzeug, Plastikbecher, Holzbretter, Eiswürfelförmchen und ähnliches
- Leckerli

<u>Schritt 1</u>: Füllen Sie einen kleinen Pool mit etwas Wasser. Steht Ihnen kein Pool zur Verfügung reicht alternativ auch eine Plastikwanne oder eine große Schüssel.

<u>Schritt 2</u>: Platzieren Sie verschiedene schwimmfähige Gegenstände im Wasser. Spielzeugboote, Plastikbecher oder Sandförmchen sind beispielsweise bestens geeignet.

<u>Schritt 3</u>: Verstecken Sie nun eine angemessene Menge Leckerli in, auf und um die Gegenstände herum. Einige schwimmende Leckerli dürfen auch gern direkt im Wasser landen.

<u>Schritt 4</u>: Geben Sie Ihrem Hund das „Such"-Signal und beobachten. Er muss nun vorsichtig versuchen, an die einzelnen Leckerli zu gelangen. Das fordert nicht nur Konzentration sondern auch Geduld und Ausdauer. Gleichzeitig kühlt er sich etwas ab und nimmt automatisch Flüssigkeit zu sich, was besonders im Sommer wichtig ist.

Tipps, Tricks und Hinweise:

Diese Aktivität ist unter anderem für besonders faule Hunde geeignet, welche sich nur schwer zum Spielen motivieren lassen. Mit wenig Einsatz und dennoch höchster Konzentration werden sie sich vom Spiel begeistern lassen. Falls nicht: Verstecken Sie ein bis zwei Stückchen hochwertiges Futter, wie zum Beispiel ein Stück Wurst, auf den Inseln.

Aktivität 63

Das nasse Bällebad

(Outdoor)

Dieses Spiel ist eine wahre Herausforderung für Ihren Vierbeiner. Das Wasser wird ihn regelrecht überraschen und kann besonders bei wasserfreudigen Hunden ein hohes Spaßpotenzial bergen. Unter einer Schicht Plastikbälle lauert ganz unerwartet Wasser. Ihr Hund muss sich überlegen, wie er blind und trotz Wasser an den versteckten Gegenstand gelangt.

Altersempfehlung: Ab 6 Monaten

Empfohlene Übungsdauer:

- Etwa fünf Minuten pro Übung
- Gelegentlich

Was wird benötigt?

- Ein kleiner Pool
- Plastikbälle
- Ein beliebtes nicht-schwimmendes Spielzeug

Schritt 1: Füllen Sie den Pool so weit mit Wasser, dass das Spielzeug untergehen kann. Wählen Sie zu Beginn eine kleine Wassermenge, sodass das Spielzeug gerade so mit Wasser bedeckt ist.

Schritt 2: Geben sie nun die Plastikbälle in den Pool. Die Menge wählen Sie je nachdem, wie schwierig Sie es für Ihren Vierbeiner gestalten wollen. Soll er noch etwas Sicht auf das Spielzeug behalten, wählen Sie eine kleine Menge. Für Fortgeschrittene kann die komplette Wasseroberfläche mit Bällen bedeckt werden.

Schritt 3: Nehmen Sie nun ein beliebtes Spielzeug zur Hand und animieren Sie Ihren Hund, auf Ihr Spiel einzugehen. Sobald er bereit ist, werfen Sie das Spielzeug in den Pool.

Schritt 4: Sobald Ihr Hund dem Spielzeug freudig hinterher springt, wird er mit Reizen überflutet. Trotz Bälle, Wasser und wenig Sicht muss er nun versuchen, das geliebte Spielzeug zu angeln.

Schritt 5: War Ihr Hund erfolgreich, loben Sie ihn ausgiebig und lassen Sie ihn außerhalb des Pools eine Runde nach dem Spielzeug Jagen.

Aktivität 64

Leckerlistangen tauchen

(Outdoor)

Hier handelt es sich um eine perfekte Aktivität für den Sommer am Badesee. Außerdem bietet die Aktivität eine gute Grundlage für späteres Dogdiving. Ihr Hund soll Leckerlistangen aus dem See fischen.

Altersempfehlung: Ab 6 Monaten

Empfohlene Übungsdauer:

- Etwa fünf Minuten pro Übung
- Gelegentlich

Was wird benötigt?

- Leckerlistangen

Schritt 1: Stecken Sie ein bis zwei Leckerlistangen im flachen Wasser in den Boden. Für den Start sollten diese noch über die Wasseroberfläche ragen. Geben Sie diese für Ihren Hund frei.

<u>Schritt 2</u>: Steigern Sie nun rasch die tiefe, in welcher Sie die Stangen verstecken. Nun sollten Sie bereits nicht mehr über der Wasseroberfläche zu sehen sein.

<u>Schritt 3</u>: Geben Sie auch diese für Ihren Hund frei und beobachten Sie, wie er versucht, die Stangen zu ertauchen. Bei Erfolg sollten Sie ihn ausgiebig loben.

<u>Schritt 4</u>: Erweitern Sie dieses Spiel so weit, bis für beide eine angenehme Tiefe gefunden wurde. Ihr Hund soll sich anstrengen müssen, aber dennoch Spaß bei der Sache haben.

Tipps, Tricks und Hinweise:

Spielen Sie mit dem Gedanken, mit Ihrem Hund das Dogdiving anzufangen, können Sie dieses auf der Grundlage der Aktivität aufbauen. Hierfür können Sie beispielsweise ein besonderes Signal, wie „tauch!“ einführen.

Auch hier handelt es sich um eine gute Aktivität für Hunde, die sich sonst nur schwer zu Denkspielen motivieren lassen. Wählen Sie besonders beliebte Leckerlistangen aus oder weichen Sie auf Kaustangen um. Selbst der faulste Hund wird sich für dieses Spiel begeistern lassen.

Aktivität 65
Apportieren aus dem Wasser
(Outdoor)

Eine weitere beliebte Aktivität im See ist das Apportieren aus dem Wasser. Stellen Sie sicher, dass das Wasser für Ihren Hund sicher ist und dass er das Schwimmen beherrscht, bevor Sie diese Aktivität durchführen. Achten Sie auch darauf, dass der Gegenstand schwimmfähig ist und dass Ihr Hund keine Probleme hat, ihn aus dem Wasser zu holen.

Altersempfehlung: Ab 6 Monaten

Empfohlene Übungsdauer:

- Etwa fünf Minuten pro Übung
- Gelegentlich

Was wird benötigt?

- Schwimmendes Spielzeug

<u>Schritt 1</u>: Beginnen Sie mit flachem Wasser, wie zum Beispiel an einem flachen Ufer oder einem seichten Bereich im See.

<u>Schritt 2</u>: Werfen Sie einen schwimmfähigen Gegenstand, wie einen Ball oder ein Stock, ins Wasser.

<u>Schritt 3</u>: Führen Sie Ihren Hund an die Wasserkante und zeigen Sie ihm den Gegenstand.

<u>Schritt 4</u>: Ermutigen Sie Ihren Hund, den Gegenstand aus dem Wasser zu holen und zurückzubringen, indem Sie ihm sagen "Bring " oder eine andere geeignete Aufforderung.

Schritt 5: Sobald Ihr Hund den Gegenstand zurückgebracht hat, loben und belohnen Sie ihn mit einer Leckerei und einer positiven verbalen Bestätigung.

Schritt 6: Steigern Sie allmählich die Entfernung und die Tiefe des Wassers, um die Fähigkeiten Ihres Hundes zu verbessern.

Aktivität 66
Dogdiving
(Outdoor)

Gerade, wenn Ihr Hund von der Aktivität „Nasses Bällebad" begeistert ist, sollten Sie über Dogdiving nachdenken. Hier geht es darum, dass Ihr Hund nach einem Spielzeug taucht, welches tief in einem Pool liegt. Er muss aktiv tauchen, was ihn zum einen körperlich und zum anderen mental stark auslasten wird. Dogdiving sollte langsam aufgebaut werden. Gönnen Sie Ihrem Hund unbedingt ausreichend Pausen.

Die Grundvoraussetzung für diese Aktivität ist, dass sich Ihr Hund bereits freiwillig mit dem Kopf ins Wasser begibt, um Gegenstände zu suchen.

Altersempfehlung: Ab 6 Monaten

Empfohlene Übungsdauer:

- Etwa fünf Minuten pro Übung
- Gelegentlich

Was wird benötigt?

- Ein Pool
- Ein beliebtes nicht-schwimmendes Spielzeug
- Gegebenenfalls ein besonderes Leckerli

<u>Schritt 1</u>: Füllen Sie den Pool mit so viel Wasser, dass Ihr Hund darin gerade so nicht mehr Stehen kann. Ihr Hund sollte jedoch mittels Sprungbrett, Podest oder ähnlichem, in den Pool blicken können.

<u>Schritt 2</u>: Nehmen Sie nun ein beliebtes Spielzeug in die Hand und zeigen es Ihrem Hund. Werfen Sie es in den Pool und schicken Sie Ihren Hund direkt hinterher. Wenn Sie wollen, können Sie an dieser Stelle ein Signal, wie zum Beispiel „tauch!“, verwenden.

<u>Schritt 3</u>: Im besten Fall springt Ihr Hund dem Spielzeug euphorisch hinterher. Er wird einen Moment tauchen, sich das Spielzeug schnappen und einen Weg aus dem Pool suchen. In diesem Fall loben Sie Ihren Hund ausgiebig. Je nach Vorlieben können Sie mit einem besonderen Leckerli belohnen oder das Spielzeug werfen.

<u>Schritt 4</u>: Füllen Sie nach und nach mehr Wasser in den Pool, sodass Ihr Hund aktiv tauchen muss. Finden Sie eine Tiefe, die Ihren Hund fordert, ihm aber noch immer Spaß bereitet.

Tipps, Tricks und Hinweise:

Sollte sich hier Hund nicht trauen, zu tauchen, gehen Sie einen Schritt zurück und beginnen Sie mit leichten Wasserübungen, wie dem „Leckerlistangen tauchen“. So kann sich Ihr Hund nach und nach an tiefes Wasser herantauchen.

Sollte es dennoch nicht klappen, seien Sie nicht enttäuscht. Nicht jeder Hund ist für solch intensive Wasserspiele geeignet.

Aktivität 67

Wasser Hula-Hoop

(Outdoor)

Wenn Ihr Hund von Dogdiving begeistert ist, wird er möglicherweise auch gern durch einen Reifen tauchen.

Altersempfehlung: Ab 8 Monaten

Empfohlene Übungsdauer:

- Etwa fünf Minuten pro Übung
- Gelegentlich

Was wird benötigt?

- Ein Pool
- Ein Reifen, der groß genug ist, damit Ihr Hund hindurchspringen kann. Ein Hula-Hoop-Reifen eignet sich gut dafür.
- Gegebenenfalls ein besonderes Leckerli

Schritt 1: Beginnen Sie das Training auf dem Land. Stellen Sie den Reifen auf den Boden und lassen Sie Ihren Hund durch ihn hindurchgehen. Belohnen Sie ihn jedes Mal mit viel Lob und Leckerlis, wenn er es schafft.

Schritt 2: Sobald dein Hund durch den Reifen gehen kann, hebe ihn ein wenig vom Boden ab und halte ihn fest. Fordere deinen Hund auf, durch den Reifen zu springen, und belohne ihn wieder mit Lob und Leckerlis, wenn er erfolgreich springt.

Schritt 3: Erhöhen Sie langsam die Höhe des Reifens und fordern Sie Ihren Hund heraus, höher zu springen. Belohnen Sie ihn jedes Mal, wenn er erfolgreich springt, mit noch mehr Lob und Leckerlis als zuvor.

Schritt 4: Wenn Ihr Hund das Springen durch den Reifen auf dem Land beherrscht, bringen Sie das Training in den Pool. Lassen Sie Ihren Hund durch den Reifen schwimmen und belohnen Sie ihn erneut mit viel Lob und Leckerlis, wenn er es schafft.

3.7 Bindungspiele

Aktivität 68

Die Bindungshöhle

(Indoor/Outdoor)

In diesem Bindungsspiel geht es um Körpernähe, Vertrauen und Geduld. Ihr Hund soll lernen, Ihnen zu vertrauen. Der körperliche Kontakt wirkt sich zusätzlich positiv auf die Bindung zwischen Ihnen und Ihrem Hund aus.

Altersempfehlung: Ab 12 Wochen

Empfohlene Übungsdauer:

- Etwa fünf Minuten pro Übung
- Gelegentlich

Was wird benötigt?

- Ein besonderes Leckerli

Schritt 1: Setzen Sie sich mit dem Rücken an die Wand und winkeln Sie Ihre Beine so an, dass unterhalb Ihrer Knie eine Höhle entsteht.

Schritt 2: Rufen Sie Ihren Hund zu sich und locken Sie ihn mittels eines besonderen Leckerli ganz langsam durch die Höhle hindurch.

Schritt 3: Sollte Ihr Hund nach dem Leckerli schnappen, ziehen Sie es weg oder verdecken es mit Ihrer Hand. Ihr Hund soll lernen, dass er das, was Sie ihm in Aussicht stellen, auf jeden Fall bekommt.

Schritt 4: Haben Sie Ihren Hund einmal durch die Höhle geführt, geben Sie das Leckerli frei und loben Sie ihn.

🐶 Aktivität 69 🐶

Rennen und verfolgen (Indoor/Outdoor)

Wie ließe sich die Bindung besser stärken als durch klassische Hundespiele? In diesem Fall gibt Ihr Hund den Ton an und entscheidet, ob er der Jäger oder der Gejagte ist. Dieses Spiel wird Ihnen und Ihrem Vierbeiner viel Spaß machen und Sie zu einem Team machen.

Altersempfehlung: Ab 12 Wochen

Empfohlene Übungsdauer:

- Etwa fünf Minuten pro Übung
- Gelegentlich

Was wird benötigt?

- Nichts

Schritt 1: Für den Start gibt es zwei Möglichkeiten. Entweder Sie gehen auf die zufällige Spielaufforderung Ihres Hunde ein, oder Sie beginnen das Spiel. In letzterem Fall rufen Sie „fang mich!“ und rennen los.

Schritt 2: Ihr Hund wird Ihnen sofort hinterherjagen. Wiederholen Sie diesen Schritt einige Male, bis ihr Hund versteht, dass es sich um ein Spiel handelt.

Schritt 3: Schnell wird Ihr Vierbeiner die Initiative ergreifen. Sobald er Sie gejagt hat, wird er vor Ihnen davon rennen. Nun sind Sie am Zug: rennen Sie Ihrem Hund hinterher.

Schritt 4: Das Spiel ist beendet, sobald einer von beiden keine Lust mehr hat.

Aktivität 70
Raufen
(Indoor)

Gerade bei jungen Hunden kommt es noch häufig vor, dass diese ihre Besitzer zum körperlichen Spiel auffordern. Dies ist eine gute Möglichkeit, die Bindung zwischen Ihnen und Ihrem Vierbeiner zu stärken. Zeitgleich soll der Hund lernen, seine Kraft dosiert einzusetzen.

Altersempfehlung: Ab 12 Wochen

Empfohlene Übungsdauer:

- Etwa fünf Minuten pro Übung
- Gelegentlich

Was wird benötigt?

- Nichts

Schritt 1: Begeben Sie sich auf die Höhe Ihres Hundes und animieren Sie ihn zum Spielen. Ein guter Einstieg ist es, wenn Sie versuchen, seine Pfoten mit Ihren Händen zu schnappen.

Schritt 2: Ihr Hund wird schnell und freudig auf das Spiel eingehen und versuchen, Ihre Hände zu erwischen. Das ganze schaukelt sich dann so hoch, dass Sie und Ihr Hund sich sehr körperbetont raufen.

Schritt 3: Das Spiel ist beendet, sobald einer von beiden keine Lust mehr hat.

Tipps, Tricks und Hinweise:

Besonders junge Hunde müssen erst noch lernen, mit ihrer Kraft und ihren Zähnen umzugehen. Machen Sie Ihrem Hund deutlich, wenn er es übertreibt und Ihnen weh tut. Hierfür reicht ein lautes „Aua!". Sollte dies wiederholt vorkommen, beenden Sie das Spiel mit einem Signal, wie „schluss". Wiederholen Sie das Spiel gelegentlich.

Aktivität 71

Das Team-Speil

(Indoor/Outdoor)

Kaum ein Spiel eignet sich besser, um die Bindung zwischen Ihnen und Ihrem Hund zu stärken und zeitgleich sein Köpfchen herauszufordern. Damit der Hund sein Ziel erreicht, braucht er menschliche

Unterstützung, weshalb ihr die Aktivität als Team lösen müsst. Die Vorbereitung liegt natürlich bei Ihnen: Erstellen Sie eine Aktivität (beispielsweise das Auspacken von Kisten), welche in mehrere Teilschritte gegliedert ist. Einige Schritte soll Ihr Hund alleine lösen können, bei einigen ist er jedoch auf Ihre Hilfe angewiesen.

Altersempfehlung: ab 6 Monate

Empfohlene Übungsdauer:

- Etwa fünf bis zehn Minuten
- Gelegentlich

Was wird benötigt?

- Kisten, Dosen, Papier …
- Ein besonderes Leckerli

Schritt 1: Wählen Sie ein besonderes Leckerli und packen Sie dieses in eine kleine Pappkiste ein, welche Ihr Hund gut öffnen kann. Diese Kiste stellen Sie nun beispielsweise in eine Dose, welche nur Sie öffnen können. Darum wickeln Sie etwas Zeitungspapier und stellen das Paket zum Schluss in einen weiteren Pappkarton. Seien Sie beim Verpacken kreativ, übertreiben Sie es zu Beginn jedoch nicht. Bevor es losgehen kann: Stellen Sie das Paket auf einen Schrank, sodass Ihr Hund alleine nicht herankommt.

Schritt 2: Rufen Sie Ihren Hund zu sich und weisen Sie ihn auf das Paket hin. Animieren Sie ihn, zu suchen und holen Sie das Paket mit den Worten "Ich helfe dir!" vom Schrank.

Schritt 3: Ihr Hund darf das Paket nun so weit auspacken, wie er es schafft. Sobald er nicht weiterkommt, sagen Sie wieder "Ich helfe dir!" und übernehmen Sie Ihren Part.

Schritt 4: Das ganze geht so lange weiter, bis Ihr Hund das Leckerli erreicht. Loben Sie ihn hierfür und lassen Sie ihn sein Leckerli genießen.

3.8 Konzentrationsspiele 2 - Antijagdtraining

Viele Hunderassen wurden ursprünglich für die Jagd gezüchtet. Doch auch Hunde ohne angeborene Jagdmotivation können Gefallen an der Hatz finden. Wird der Hund unkontrollierbar und bringt sich oder andere in Gefahr, kommt das Antijagdtraining zum Einsatz. Dieses besteht grundsätzlich aus fünf Bausteinen:

- Grundgehorsam festigen
- Impulskontrolle
- Superrückruf
- Aufmerksamkeits- und Bindungsübungen
- Jagdtrieb auf gemeinsame Aktivitäten umlenken (z. B. Hundesport, gezieltes Buddeln, Apportier- und Suchspiele etc.)

Da dieses Training von Ihrem Hund viel Konzentration und demnach mentale Arbeit fordert, passen einige der Übungen aus dem Antijagdtraining perfekt in dieses Buch. Im folgenden Kapitel finden Sie einige Übungen für Aufmerksamkeit und Impulskontrolle. Außerdem zeigen wir Ihnen, wie Sie den Superrückruf perfekt aufbauen.

Aktivität 72
Zufälliger Blickkontakt
(Indoor/Outdoor)

Zufälligen Blickkontakt zu loben, ist eine tolle Sache für zwischendurch, um die Aufmerksamkeit Ihres Hundes zu verbessern. Sie sorgen dafür, dass Ihr Hund regelmäßig nach Ihnen sieht und Sie so stets im Kopf behält. Diese Aktivität sollte bereits im Welpenalter eingeführt werden, sodass Ihr Hund von klein auf daran gewöhnt ist, sich nach Ihnen zu richten.

Altersempfehlung: ab 12 Wochen

Empfohlene Übungsdauer:

- Gelegenheitsübung, mehrfach pro Woche

Was wird benötigt?

- Leckerli oder andere Belohnung

Schritt 1: Konzentrieren Sie sich voll auf Ihren Vierbeiner. Diese Aktivität kann sowohl zu Hause im Alltag als auch auf dem Spaziergang durchgeführt werden.

Schritt 2: Wenn Ihr Hund zu Ihnen schaut, loben Sie ihn deutlich.

Schritt 3: Bauen Sie diese kleine Aktivität immer wieder in den Alltag ein und loben Sie Ihren Hund für zufälligen Blickkontakt.

Aktivität 73

„Schau" – gezielter Blickkontakt

(Indoor/Outdoor)

Im Alltag kann es oft von Vorteil sein, wenn Sie ein Kommando haben, auf welches hin Ihr Hund zu Ihnen sieht. Besonders im Antijagdtraining kann ein solches Signal von essenzieller Wichtigkeit sein. Nimmt Ihr Hund eine Fährte auf oder hat sogar Sichtkontakt zum Wild, können Sie seine Aufmerksamkeit über dieses Signal auf Sie richten und dann weitere Schritte einleiten. Ganz nebenbei ist das Kommando sehr praktisch für niedliche Fotos Ihres Hundes.

Altersempfehlung: ab 4 Monaten

Empfohlene Übungsdauer:

- Etwa drei Minuten pro Session
- Zwei- bis dreimal pro Woche

Was wird benötigt?

- Leckerli

Schritt 1: Beginnen Sie diese Aktivität in einem ruhigen und entspannten Umfeld. Dieses Signal ist eines der wenigen, welches Sie von Übungsbeginn an einführen.

Schritt 2: Nennen Sie freundlich das Kommando „Schau". Wendet Ihr Hund sich daraufhin zu Ihnen, loben Sie ihn umgehend.

Schritt 3: Hat dieser Schritt einige Male geklappt, beginnen Sie, das Kommando im Alltag immer wieder abzufragen und steigern Sie dabei die Umgebungsablenkung. Achten Sie darauf, dass Sie Ihren Hund nur belohnen, wenn er tatsächlichen Blickkontakt zu Ihnen aufgenommen hat.

Schritt 4: Die Aktivität war erfolgreich, wenn Ihr Hund auch bei starker Ablenkung auf Kommando Blickkontakt zu Ihnen aufnimmt.

Tipps, Tricks und Hinweise:

Ihr Hund lässt sich vom bloßen Wortlaut nicht begeistern? Lassen Sie beim Einführen des Kommandos ein spannendes Geräusch folgen. Sagen Sie also „Schau" und rascheln Sie anschließend mit einer Tüte, quietschen Sie mit einem Spielzeug oder machen Sie ein Lock-Geräusch mit Ihrem Mund.

Aktivität 74
Volle Aufmerksamkeit
(Outdoor)

Besonders bei jagdambitionierten Hunden ist es wichtig, dass diese Sie im Hinterkopf behalten. Diese Aktivität verlangt von Ihrem Hund, dass er mit den Gedanken dauerhaft bei Ihnen ist und nach Ihnen sieht. Es ist sinnvoll, diese Aktivität bereits im Welpenalter zu beginnen. So lernt Ihr Hund, aufmerksam zu sein und auf Sie zu achten, egal wie spannend die Umgebung ist.

Altersempfehlung: ab 4 Monaten

Empfohlene Übungsdauer:

- Gelegenheitsübung, mehrmals pro Woche

Was wird benötigt?

- Leckerli

Schritt 1: Beginnen Sie mit dem Training auf einem entspannten Spaziergang in ablenkungsarmer Umgebung. Sollte Ihr Hund nicht freilaufen können, kann diese Aktivität auch an der Schleppleine stattfinden.

Schritt 2: Wechseln Sie kommentarlos die Richtung, bleiben Sie stehen oder biegen Sie ab. Tut Ihr Hund es Ihnen gleich, loben Sie ihn ausgiebig. Dauert es einen Moment, bis Ihr Hund reagiert, loben Sie ihn dennoch, sobald er es tut. Gerne können Sie die Geschwindigkeit variieren.

Aktivität 75
Achte auf mich
(Outdoor)

Eine gute Erweiterung für die vorangegangene Aktivität ist diese hier. Ihr Hund soll lernen, dass es wichtig ist, sich auf Sie zu konzentrieren. Im Gegensatz zu Aktivität 27, in welcher Sie sich im Haus verstecken und Ihren Hund anschließend rufen, steht hier die Konzentration anstelle des Spaßes im Vordergrund.

Altersempfehlung: ab 6 Monaten

Empfohlene Übungsdauer:

- Gelegenheitsübung

Was wird benötigt?

- Leckerli

Schritt 1: Wenn Sie merken, dass Ihr Hund gedanklich nicht bei Ihnen ist, verstecken Sie sich hinter dem nächstmöglichen Baum oder nutzen Sie ein ähnliches Versteck.

Schritt 2: Sobald Ihr Hund merkt, dass er Sie verloren hat, wird er nach Ihnen suchen. Loben Sie ihn, sobald er Sie gefunden hat.

Tipps, Tricks und Hinweise:

Diese Aktivität sollte nur sehr kontrolliert durchgeführt werden. Zudem sollten Sie Ihren Vierbeiner auch aus Ihrem Versteck heraus stets im Blick behalten. Ein plötzliches Verschwinden der

Bezugsperson kann zu starken Angstreaktionen führen. Achten Sie genau auf das Verhalten Ihres Hundes und brechen Sie das Spiel notfalls ab.

Aktivität 76

Blickkontakt für Freigabe (Indoor/Outdoor)

Diese Aktivität eignet sich hervorragend, um an der Impulskontrolle Ihres Hundes zu arbeiten. Dieser muss Blickkontakt zu Ihnen aufnehmen, wenn er etwas Bestimmtes haben möchte.

Altersempfehlung: ab 12 Wochen

Empfohlene Übungsdauer:

- Etwa zwei Minuten pro Session
- Gelegentlich

Was wird benötigt?

- Leckerli

Schritt 1: Nehmen Sie ein Leckerli in die Hand, verschließen Sie diese und strecken Sie die Hand Ihrem Hund entgegen.

Schritt 2: Ihr Hund wird Ihre Hand genauestens untersuchen und versuchen, an das Leckerli zu gelangen. Öffnen Sie Ihre Hand nur dann, wenn Ihr Hund Blickkontakt zu Ihnen aufnimmt.

Tipps, Tricks und Hinweise:

Diese Aktivität lässt sich beliebig erweitern. Neben Futter kann auch Spielzeug auf Blickkontakt freigegeben werden. Ziel ist, dass sich Ihr Hund stets bei Ihnen rückversichert, bevor er handelt.

Aktivität 77

Leckerlifreigabe

(Indoor)

Der Klassiker für die Freigabe durch Blickkontakt ist die Futterfreigabe. Diese Aktivität erfordert gleichermaßen Konzentration, Geduld und Impulskontrolle. Ihr Hund soll lernen, dass die von Ihnen verteilten Leckerli erst nach aufgenommenem Blickkontakt von Ihnen freigegeben werden.

Altersempfehlung: ab 4 Monaten

Empfohlene Übungsdauer:

- Etwa fünf Minuten pro Session
- täglich

Was wird benötigt?

- einige Leckerli

Schritt 1: Bringen Sie Ihren Hund ins "Sitz" und legen Sie einige Leckerli auf den Boden.

Schritt 2: Ihr Hund wird sich vermutlich vorerst auf die Leckerli fokussieren. Sobald er Blickkontakt zu Ihnen aufnimmt, geben Sie das Auflösesignal.

Schritt 3: Ihr Hund darf sich nun in Ruhe die ausgelegten Leckerli schnappen.

Tipps, Tricks und Hinweise:

Diese Aktivität lässt sich prima steigern. Bringen Sie Ihren Hund beispielsweise ins "Platz" und legen Sie die Leckerli auf seine Pfoten. Das verlangt noch einiges mehr an Konzentration von Ihrem Vierbeiner.

Aktivität 78

Das Dreiecks-Spiel

(Outdoor)

Bei diesem Spiel fordern Sie Ihren Hund heraus, sich voll auf Sie zu konzentrieren, obwohl Sie gezielt einen Reiz platzieren. Ihr Hund soll lernen, sich trotz Ablenkung auf Sie zu konzentrieren.

Altersempfehlung: ab 6 Monaten

Empfohlene Übungsdauer:

- Etwa zehn Minuten pro Session
- Gelegentlich

Was wird benötigt?

- Leckerli
- Spielzeug

Schritt 1: Bringen Sie Ihren Hund ins „Sitz" oder „Platz". Entfernen Sie sich nun etwas von ihm und platzieren Sie einen Reiz links von sich, sodass Sie, Ihr Hund und der Reiz ein Dreieck bilden.

Schritt 2: Rufen Sie Ihren Hund jetzt zu sich. Loben Sie ihn ausgiebig, wenn er sich für Sie statt den Reiz entscheidet.

Tipps, Tricks und Hinweise:

Je nach Können Ihres Hundes ist diese Aktivität beliebig erweiterbar:

- Wählen Sie einen stärkeren Reiz
- Verändern Sie die Abstände so, dass Ihr Hund am Reiz vorbeilaufen muss
- Platzieren Sie den Reiz direkt neben dem Hund

Aktivität 79

An der Straße warten

(Outdoor)

Dass es sinnvoll ist, Ihrem Hund das Warten an der Straße beizubringen, ist eigentlich selbsterklärend. Doch diese Aktivität fordert so einiges an Impulskontrolle und Konzentration von Ihrem Hund.

Altersempfehlung: ab 4 Monaten

Empfohlene Übungsdauer:

- Alltagsübung
- Täglich

Was wird benötigt?

- Leckerli

Schritt 1: Laufen Sie mit Ihrem angeleinten Hund an eine Straße, bleiben Sie stehen und bringen Sie ihn ins „Sitz".

Schritt 2: Lösen Sie das „Sitz" auf und führen Sie Ihren Hund langsam über die Straße

Schritt 3: Nach einigen Wiederholungen können Sie anfangen, das Kommando beim Stehenbleiben wegzulassen.

Tipps, Tricks und Hinweise:

Ziel ist es, dass Ihr Hund auch im Alltag sein Köpfchen einsetzt und genau auf seine Umgebung achtet. Wenn Sie diese Aktivität für einige Zeit konsequent durchziehen, wird ihr Hund schon bald von selbst an Straßenübergängen stoppen.

Aktivität 80
Essen anzeigen
(Outdoor)

Bereits im Junghundalter sollten Sie Ihrem Hund beibringen, dass er nicht alles fressen darf, was er auf dem Boden findet. Neben dem gesundheitlichen Schutz eignet sich diese Aktivität perfekt, um an der Impulskontrolle Ihres Hundes zu arbeiten. In dieser Aktivität muss Ihr Hund köpfchen beweisen und den richtigen Weg selbst erarbeiten.

Altersempfehlung: ab 6 Monaten

Empfohlene Übungsdauer:

- Etwa fünf Minuten pro Session
- Gelegentlich

Was wird benötigt?

- Besonderes Leckerli
- Interessantes Essen (z. B. ein Brötchen)

Schritt 1: Platzieren Sie das Brötchen, ohne dass Ihr Hund es merkt.

Schritt 2: Führen Sie Ihren Hund nun an der Leine am Brötchen vorbei. Die Leine sollte anfangs so kurz sein, dass Ihr Hund das Brötchen nicht erreichen kann.

Schritt 3: Sobald Ihr Hund das Brötchen bemerkt, bleiben Sie stehen. Warten Sie nun ab, wie Ihr Hund reagiert. Im ersten Moment wird er versuchen, an das Brötchen zu gelangen oder Ihren Blick als Freigabe zu suchen. Sobald Ihr Hund sich hinsetzt, loben Sie diese Lösung und geben Sie Ihrem Hund das besondere Leckerli.

<u>Schritt 4</u>: Wiederholen Sie die Aktivität regelmäßig und verändern Sie den Abstand so, dass Ihr Hund an das Brötchen gelangen könnte. Ziel ist es, dass Ihr Hund gefundene Nahrungsmittel anzeigt, anstatt sie aufzunehmen.

Aktivität 81

Superrückruf
(Outdoor)

Der Superrückruf ist das ultimative Mittel, um Ihren Hund aus einer brenzligen Situation abzurufen und ist mit dem normalen Rückruf, welcher im Alltag verwendet wird nicht zu verwechseln. Der Superrückruf trainiert man im Idealfall bereits im jungen Alter und soll nur im Notfall zum Einsatz kommen.

Altersempfehlung: ab 6 Monaten

Empfohlene Übungsdauer:

- Etwa zwei Minuten pro Session
- Gelegentlich

Was wird benötigt?

- Eine sehr besondere Belohnung (z. B. Fleischwurst oder Hundeleberwurst)

<u>Schritt 1</u>: Wählen Sie ein einprägsames Signal, welches sich deutlich vom normalen Rückruf unterscheidet. Hierfür haben sich entgegen des Rufens Hundepfeifen bewährt. Beginnen Sie zu Hause mit dem Üben.

<u>Schritt 2</u>: Geben Sie das Signal. Kommt Ihr Hund zu Ihnen, loben und belohnen Sie ihn ausgiebig.

<u>Schritt 3</u>: Steigern Sie allmählich die Ablenkung. Achten Sie jedoch darauf, nicht zu häufig zu üben; sonst verliert die

Belohnung schnell ihren Reiz. Ein guter Richtwert zum Üben ist maximal ein Superrückruf pro Woche.

Tipps, Tricks und Hinweise:

Ist die Belohnung für Ihren Hund entsprechend reizvoll, wird dieser schnell lernen. Achten Sie darauf, den Superrückruf nur gelegentlich zu üben, sodass die Belohnung auch reizvoll bleibt. Sitzt der Superrückruf, sollte dieser nur im Ernstfall eingesetzt werden.

3.9 Clickerübungen

In diesem Kapitel zeigen wir Ihnen Übungen, die perfekt für das Training mit dem Clicker geeignet sind. Wie Sie den Clicker als Belohnungssignal einführen, erfahren Sie zu Beginn des Kapitels in Aktivität 2. Alternativ können Sie natürlich auch das Markerwort verwenden.

Ihr Hund wird in den Übungen aktiv zum Nachdenken angeregt. Außerdem stellen einige der Übungen die Grundlage für weitere Trainingseinheiten dar. Das Abrufen von Tricks ist ein großer Bestandteil der mentalen Auslastung eines Hundes, weshalb es sich anbietet, eine größere Auswahl zu erarbeiten.

Bedenken Sie, dass ein Click immer das Versprechen für eine Belohnung ist. Sollte es in einer Trainingseinheit dazu kommen, dass Ihr Hund zu erregt ist, um seine Belohnung abzuholen, sollten Sie die Grundlagen zum Clickertraining danach wieder auffrischen. Nehmen Sie sich zehn Leckerli und geben Sie Ihrem Hund nach jedem Click eines. Dies sorgt dafür, dass der Click im

Gehirn des Hundes weiterhin Positives bewirkt, auch wenn er die Belohnung einmal nicht entgegennehmen kann.

Aktivität 82

Anstupsen/Taget

(Indoor/Outdoor)

Beim Anstupsen geht es darum, dass die Nase Ihres Hundes Ihre Hand anstupst. Bei dieser Aktivität muss Ihr Hund Ihnen seine gesamte Aufmerksamkeit widmen und nachdenken, wie er an Ihre Hand gelangt.

Altersempfehlung: ab 4 Monaten

Empfohlene Übungsdauer:

- Etwa fünf Minuten pro Session
- Tägliche Wiederholungen

Was wird benötigt?

- Clicker
- Leckerli

Schritt 1: Strecken Sie Ihrem Hund Zeige- und Mittelfinger entgegen; der Rest Ihrer Hand ist geschlossen.

Schritt 2: Ihr Hund wird sich aus Neugier direkt zu Ihrer Hand bewegen. Clicken Sie, sobald er Ihre Fingerspitzen berührt. Tut er diese nicht, clicken Sie, sobald er sich annähert.

Schritt 3: Ihr Hund wird schnell begreifen, was das Ziel der Aktivität ist. Beginnen Sie nun, die Hand in verschiedenen Positionen und auf verschiedener Höhe zu halten. Für jede korrekte Berührung folgt der Click und die Belohnung.

Tipps, Tricks und Hinweise:

Sollte Ihr Hund kein Interesse an Ihrer Hand zeigen, versuchen Sie Folgendes: Strecken Sie Ihrem Hund Zeige- und Mittelfinger entgegen und verstecken Sie mit den restlichen Fingern ein Leckerli in Ihrer Hand. Klappt dieses Vorgehen, bauen Sie den Einsatz des Leckerli allmählich ab.

Beherrscht Ihr Hund die Übung, sorgen Sie dafür, dass er sein Köpfchen einsetzt. Halten Sie Ihre Hand so hoch, dass er springen (ab dem vollendeten ersten Lebensjahr) oder auf eine Erhöhung klettern muss. Diese Aktivität ist die Grundlage für weitere Übungen, bei denen Ihr Hund Gegenstände mit der Nase anstupsen soll. Ein Lautsignal wird hierfür nicht benötigt, da die ausgestreckten zwei Finger ein deutliches Sichtsignal für Ihren Hund sind.

Anstelle Ihrer Hand kann Ihr Hund auch einen sogenannten Target-Stick anstupsen. Hierbei handelt es sich um einen langen Zeigestab. Für reines Target-Training gibt es diesen auch mit integriertem Clicker.

Aktivität 83

„Tipp“

(Indoor/Outdoor)

Bei dieser Aktivität geht es darum, dass Ihr Hund ein bestimmtes Ziel, in diesem Fall einen farbigen Kreis, mit seiner Pfote antippt. Da Hunde nur Farben im Blau-Violett- und Gelb-Grün-Bereich sehen, sollte der Kreis blau oder gelb sein. Für diese Aktivität sollte Ihr Hund den Clicker bereits kennen und vielleicht schon Erfahrung mit dem *„freien Formen“* haben, welches in **Kapitel 3.6.1** genauer beschrieben wird.

Altersempfehlung: ab 4 Monaten

Empfohlene Übungsdauer:

- Etwa fünf Minuten pro Session
- Tägliche Wiederholungen

Was wird benötigt?

- Ein farbiger Kreis
- Clicker
- Leckerli

Schritt 1: Legen Sie den farbigen Kreis auf den Boden und halten Sie den Clicker bereit. Zeigen Sie deutlich auf den Kreis und sagen Sie das Kommando „Tipp“.

Schritt 2: Sobald sich Ihr Hund dem Kreis nähert, clicken Sie. Wiederholen Sie diesen Schritt drei- bis viermal.

Schritt 3: Clicken Sie nun nicht mehr für die bloße Annäherung. Ziel ist es, dass Ihr Hund den Kreis mit der Pfote berührt.

<u>Schritt 4</u>: Sobald Ihr Hund den Kreis berührt, clicken Sie und loben Sie ihn überschwänglich. Wiederholen Sie diesen Schritt einige Male.

<u>Schritt 5</u>: Waren mehrere Wiederholungen erfolgreich, verändern Sie die Position des Kreises. Die Aktivität war erfolgreich, wenn Ihr Hund den Kreis auch auf einer erhöhten Ebene oder an der Wand antippt.

Tipps, Tricks und Hinweise:

Sollte Ihr Hund Probleme bei der Aktivität haben, gehen Sie kleinschrittig vor. Zu Beginn können Sie auch den reinen Blickkontakt zum Ziel loben.

Aktivität 84

„Baum"

(Indoor/Outdoor)

Bei dieser Aktivität geht es darum, dass sich Ihr Hund mit den Vorderpfoten gegen ein Hindernis – einen Baum – stützt. Gut aufgebaut ist dies eine hervorragende Aktivität für zwischendurch, die Ihrem Hund einiges an Kopfarbeit abfordern kann. Eine gute Voraussetzung für diese Aktivität ist, dass Ihr Hund bereits **Aktivität 82** „*Anstupsen*" beherrscht.

Altersempfehlung: ab 4 Monaten

Empfohlene Übungsdauer:

- Etwa fünf bis zehn Minuten pro Session
- Zwei- bis dreimal pro Woche

Was wird benötigt?

- Clicker
- Leckerli

Schritt 1: Suchen Sie sich einen Baum, halten Sie Ihre Hand so hoch, dass Ihr Hund sich gegen den Baum lehnen muss, um sie anzustupsen.

Schritt 2: Sobald Ihr Vierbeiner gegen den Baum springt, um an Ihre Hand zu kommen, clicken Sie. Der Click sollte erfolgen, bevor der Hund Ihre Hand berühren kann.

Schritt 3: Wiederholen Sie diesen Schritt einige Male und führen Sie das Kommando „Baum" ein.

Schritt 4: Hat Ihr Hund dies soweit verstanden, lassen Sie Ihr Handzeichen weg und geben Sie Ihrem Hund das Kommando „Baum". Zur Unterstützung können Sie zusätzlich auf den Baum zeigen.

Schritt 5: Die Aktivität ist abgeschlossen, sobald ihr Hund auf das Kommando „Baum" hin gegen den Baum springt.

Tipps, Tricks und Hinweise:

Kopftechnisch ist es für Ihren Hund eine große Herausforderung, wenn Sie das Kommando „Baum" geben, ohne dabei auf ein konkretes Ziel zu verweisen. Beherrscht Ihr Hund die Übung, wird er sich sofort nach einem geeigneten Ziel umsehen.

Aktivität 85
„Rolle"
(Indoor/Outdoor)

Ein weiterer beliebter Trick ist die Rolle. Ziel ist es, dass sich Ihr Hund auf Kommando liegend um die eigene Achse dreht, also eine Rolle macht.

Altersempfehlung: ab 6 Monaten

Empfohlene Übungsdauer:

- Etwa fünf Minuten pro Session
- täglich

Was wird benötigt?

- Clicker
- Leckerli

Schritt 1: Bringen Sie Ihren Hund ins „Platz".

Schritt 2: Nehmen Sie ein Leckerli in die Hand und locken Sie Ihren Hund damit. Er soll dem Leckerli mit der Nase so folgen, dass er sich auf die Seite legt. Sobald das geschehen ist, clicken und belohnen Sie Ihren Hund. Die Belohnung sollte in der Ausgangshaltung, also im „Platz", erfolgen.

Schritt 3: Wiederholen Sie diesen Schritt zwei- bis dreimal und zögern Sie den Click anschließend heraus. Locken Sie Ihren Hund weiter mit dem Leckerli, bis dieser auf dem Rücken liegt und clicken Sie.

Schritt 4: Das nächste Ziel ist die komplette Drehung. Sobald diese erreicht ist, loben Sie Ihren Hund ausgiebig. Wiederholen Sie den gesamten Ablauf und etablieren Sie das gewünschte

Kommando. Geclickt wird nur bei voll ausgeführter Rolle. Bauen Sie die Hilfestellung mit dem Leckerli nach und nach ab.

Tipps, Tricks und Hinweise:

Das Hinlegen und besonders die Rückenlage ist ein Zeichen der Unterwürfigkeit. Beginnen Sie das Training daher am besten in ruhiger, entspannter und vor allem bekannter Umgebung; dann wird es Ihrem Hund leichter fallen.

Aktivität 86
„Dreh dich"
(Indoor/Outdoor)

Auch diese Aktivität gehört zu den wohl bekanntesten Tricks. Auf Kommando soll Ihr Hund eine Drehung vollführen.

Altersempfehlung: ab 4 Monaten

Empfohlene Übungsdauer:

- Etwa fünf Minuten pro Session
- täglich

Was wird benötigt?

- Leckerli
- Clicker

Schritt 1: Rufen Sie Ihren Hund zu sich. Nehmen Sie ein Leckerli zur Hand, welchem Ihr Hund folgen soll.

Schritt 2: Da es bei dieser Aktivität keine Zwischenschritte gibt, können Sie von Beginn an das gewünschte Kommando benennen. Führen Sie Ihren Hund mit dem Leckerli im Kreis und clicken Sie, sobald die Drehung abgeschlossen ist.

Schritt 3: Wiederholen Sie diesen Schritt, bis sich Ihr Hund auch ohne Hilfestellung auf Kommando im Kreis dreht. Hierfür bauen Sie erst das Leckerli hab und nutzen Ihren Finger, um die Drehung zu beschreiben. Anschließend lassen Sie auch diesen Fingerzeig langsam weg.

Aktivität 87
„Ballerina"
(Indoor/Outdoor)

In dieser Aktivität bringen Sie Ihrem Hund bei, wie eine Ballerina auf den Hinterbeinen zu tanzen. Hierfür wird einiges an Körperkontrolle und Konzentration benötigt, weshalb es etwas dauern kann, bis ihr Hund diese Aktivität zuverlässig ausführt.

Altersempfehlung: ab 6 Monaten

Empfohlene Übungsdauer:

- Etwa fünf Minuten pro Session
- gelegentlich

Was wird benötigt?

- Leckerli
- Clicker

Schritt 1: Beginnen Sie, indem Sie Ihrem Hund beibringen, auf seinen Hinterbeinen zu stehen. Halten Sie dazu ein Leckerli direkt über seinen Kopf und ziehen Sie es langsam nach oben, so dass der Hund gezwungen ist, sich auf seine Hinterbeine zu stellen, um das Leckerli zu erreichen. Wiederholen Sie dies einige Male, bis Ihr Hund versteht, was Sie von ihm wollen.

Schritt 2: Sobald Ihr Hund auf seinen Hinterbeinen steht, fügen Sie ein Kommando hinzu, wie z.B. „Ballerina" oder „Tanz". Sagen

Sie das Kommando jedes Mal, wenn Sie ihn auf die Hinterbeine stellen und geben Sie ihm dann das Leckerli.

<u>Schritt 3</u>: Nachdem Ihr Hund das Kommando versteht, erhöhen Sie die Schwierigkeit, indem Sie ihn bitten, sich im Kreis zu drehen, während er auf seinen Hinterbeinen steht. Führen Sie dazu das Leckerli langsam in einer kreisförmigen Bewegung um seinen Kopf herum, so dass er sich drehen muss, um es zu erreichen. Wiederholen Sie dies einige Male und geben Sie ihm jedes Mal das Leckerli, wenn er sich gedreht hat.

<u>Schritt 4</u>: Wenn Ihr Hund sich erfolgreich im Kreis gedreht hat, fügen Sie weitere Bewegungen hinzu, wie z.B. einen Sprung oder ein Zurücklehnen. Belohnen Sie ihn jedes Mal, wenn er die gewünschte Bewegung ausführt.

3.9.1 Freies Formen/Free Shaping

Beim freien Formen, auch „Free Shaping“ genannt, geht es darum, dass sich Ihr Hund das gewünschte Verhalten von allein erarbeiten soll. Er soll sein Köpfchen anstrengen und Ihnen von selbst Ideen anbieten. Sie geben nur den Rahmen vor, indem Sie Ihrem Hund beispielsweise einen Gegenstand zur Verfügung stellen oder ein Ziel im Kopf haben. Um Ihrem Hund zu zeigen, dass er sich auf dem richtigen Weg befindet, setzen Sie Clicker oder das Markerwort ein. Freies Formen erfordert eine Menge Konzentration und Denkleistung seitens Ihres Hundes. Achten Sie unbedingt darauf, Ihren Hund nicht zu überfordern. Mögliche Anzeichen für Überforderung sind:

- Einfrieren
- Häufiges Gähnen
- Aufplustern der Backen
- Blickkontakt zu Ihnen oder dem Gegenstand meiden
- Körperliche Unruhe wie auf der Stelle tippeln

- Bellen in hohen Tonlagen
- Buddeln
- Häufiges Lefzenlecken
- Dichten Kontakt zu Ihnen suchen

Das freie Formen ist eine von vielen Trainingsmethoden, welche Ihnen erstaunlich viele Möglichkeiten bietet. Vom Grundgehorsam bis zu Zirkusübungen kann sich Ihr Hund jede Aktivität selbst erarbeiten. Und wenn Sie ideenlos sind: Lassen Sie Ihren Hund auf eigene Faust handeln und schauen Sie, was er Ihnen anbietet.

Aktivität 88

Das Kartonspiel

(Indoor)

Das Kartonspiel ist super geeignet, um Ihren Hund immer wieder aufs Neue herauszufordern und zum Nachdenken anzuregen. Zeitgleich ist es eines der besten Spiele für den Einstieg ins freie Formen. Überlegen Sie sich für den Anfang ein leichtes Ziel. Für unser Beispiel nehmen wir Folgendes: Eine der Vorderpfoten des Hundes soll im Karton stehen.

Altersempfehlung: ab 6 Monaten

Empfohlene Übungsdauer:

- Etwa fünf bis zehn Minuten pro Session
- Regelmäßige Wiederholungen mit unterschiedlichen Gegenständen und Zielen

Was wird benötigt?

- Ein kleiner Karton (Ihr Hund sollte bequem eine Pfote hineinstellen können)
- Clicker
- Leckerli

Schritt 1: Stellen Sie einen Karton auf den Boden, nehmen Sie den Clicker zur Hand und rufen Sie Ihren Hund zu sich.

Schritt 2: Damit Ihr Hund eine Richtung erhält, clicken und belohnen Sie, sobald er Blickkontakt zum Karton aufnimmt.

Schritt 3: Führen Sie ihn an den Karton heran: Clicken Sie, sobald er sich ihm nähert.

Schritt 4: Legen Sie sich kleine Teilziele fest und clicken Sie, sobald sich Ihr Hund in die richtige Richtung bewegt. Zum Beispiel: annähern, beschnuppern, mit der Pfote berühren, Pfote hineinstellen.

Schritt 5: Sobald die Pfote Ihres Hundes im Karton landet, loben Sie überschwänglich und beenden Sie die Übung.

Tipps, Tricks und Hinweise:

Sollte Ihr Hund Probleme mit der Aktivität haben, gehen Sie einen Schritt zurück oder wählen Sie für den Anfang ein einfacheres Ziel. Dauert der Fortschritt zu lang, kann die Konzentration darunter leiden. Sobald Ihr Hund das freie Formen kennt, haben Sie hier mehr Spielraum.

Weitere Varianten der Aktivität können sein:

- Hund steht mit allen vier Pfoten im Karton
- Hund schiebt den Karton mit der Nase

Ebenso können Sie sich für andere Gegenstände und wieder andere Ziele entscheiden. Der Fantasie sind hier kaum Grenzen gesetzt.

Wichtig: Geclickt wird jeweils das neue Verhalten. Nimmt der Hund Blickkontakt auf, wird dieser geklickt. Berührt Ihr Hund den Karton, wird ab sofort nur noch dieses Berühren und nicht mehr der Blickkontakt bestätigt.

🐶 Aktivität 89 🐶
High Five
(Indoor/Outdoor)

„High Five" oder „Gib Pfötchen" ist einer der beliebtesten Tricks. Wir zeigen Ihnen in der folgenden Übung, wie Sie Ihrem Hund beibringen, seine Pfote auf Kommando gegen Ihre zu legen und „abzuklatschen". Das freie Formen eignet sich bestens für diese einfache Übung.

Altersempfehlung: ab 6 Monaten

Empfohlene Übungsdauer:

- Etwa fünf bis zehn Minuten pro Session
- Mehrmals täglich für zwei bis drei Tage
- Zwischen den einzelnen Sessions sollten mindestens 20 Minuten Pause liegen

Was wird benötigt?

- Clicker

- Leckerli

<u>**Schritt 1**</u>: Machen Sie sich bereit, rufen Sie Ihren Hund zu sich und halten Sie ihm Ihre Handfläche so entgegen, als wollten Sie abklatschen.

<u>**Schritt 2**</u>: Clicken Sie für jede Annäherung: Blickkontakt, Beschnüffeln, Anstupsen usw.

<u>**Schritt 3**</u>: Sobald Ihr Hund Ihre Hand mit seiner Pfote berührt, loben Sie überschwänglich.

<u>**Schritt 4**</u>: Wiederholen Sie diesen Schritt unter Nutzung des gewünschten Kommandos.

<u>**Schritt 5**</u>: Hat der Trick etwa 5- bis 10-mal geklappt, hat Ihr Hund die Aktivität und das Kommando verstanden.

Aktivität 90

„Peng“

(Indoor/Outdoor)

„Peng“ ist einer der Klassiker in der Trickkiste eines jeden Hundehalters. Mit einer zur Pistole geformten Hand wird der Trick perfekt. Wem diese Darstellung zu makaber ist, der kann natürlich auch auf „Müde“ oder „Plums“ ausweichen. Das Ziel ist immer dasselbe: Ihr Hund legt sich auf die Seite.

Altersempfehlung: ab 6 Monaten

Empfohlene Übungsdauer:

- Etwa fünf bis zehn Minuten pro Session
- Mehrmals täglich für zwei bis drei Tage
- Zwischen den einzelnen Sessions sollten mindestens 20 Minuten Pause liegen

Was wird benötigt?

- Clicker
- Leckerli

Schritt 1: Machen Sie sich bereit, rufen Sie Ihren Hund zu sich und machen Sie ihm durch Präsentieren des Clickers deutlich, dass es sich um eine Free Shaping-Aktivität handelt.

Schritt 2: Damit Ihr Hund warm wird, clicken Sie erst einmal alles, was dieser Ihnen im ersten Moment anbietet: Blickkontakt, Bewegung, generelle Aufmerksamkeit.

Schritt 3: Je nach Angebot Ihres Hundes wird dieser im Laufe der Aktivität im „Platz“ landen, was ein wichtiges Zwischenziel ist. Damit er von hier aus versteht, dass er sich auf die Seite legen soll, clicken Sie jede kleinste Bewegung, die darauf hindeutet, dass er sich diesem Ziel nähert. Achten Sie beim Belohnen darauf, dass Ihr Hund das Leckerli erhält, ohne die Position verlassen zu müssen.

Schritt 4: Begleiten Sie Ihren Hund so lange, bis er sich schließlich auf die Seite fallen lässt und loben Sie überschwänglich. Im besten Fall geht Ihr Hund für die Belohnung zurück ins „Platz“.

Schritt 5: Wiederholen Sie den Schritt einige Male und bauen Sie hierbei das gewünschte Kommando ein. Klappt der Ablauf gut, lösen Sie die Haltung des Hundes auf und erarbeiten Sie das „Peng“ aus der neutralen Position.

Tipps, Tricks und Hinweise:

Bis zum „Platz“ schaffen es die meisten Hunde innerhalb kürzester Zeit. Versteht Ihr Hund nicht, dass er sich auf die Seite fallen lassen soll, können Sie nachhelfen, indem Sie sich neben ihn setzen. Will er nun Blickkontakt aufnehmen, muss er sich automatisch zur Seite bewegen.

Aktivität 91
Kopfablegen/„Down“
(Indoor/Outdoor)

Das Ergebnis dieser Aktivität ist ein niedliches Motiv für Fotos, jedoch verlangt der Weg dorthin Ihrem Hund einiges an Kopfarbeit ab. Ziel ist es, dass Ihr Hund im Liegen seinen Kopf auf dem Boden ablegt.

Altersempfehlung: ab 6 Monaten

Empfohlene Übungsdauer:

- Etwa fünf bis zehn Minuten pro Session
- Mehrmals täglich für zwei bis drei Tage
- Zwischen den einzelnen Sessions sollten mindestens 20 Minuten Pause liegen

Was wird benötigt?

- Clicker
- Leckerli

Schritt 1: Bereiten Sie sich vor und verdeutlichen Sie Ihrem Hund, dass seine Ideen jetzt gefragt sind.

Schritt 2: Bestätigen Sie kleinste Einfälle mit einem Click, damit Ihr Hund warm wird.

Schritt 3: Begleiten Sie Ihren Hund über verschiedene Zwischenziele ins „Platz“

Schritt 4: Bestätigen Sie jetzt jede Bewegung des Hundekopfes in Richtung Boden mit einem Click, bis dieser seinen Kopf vollständig ablegt. Achten Sie darauf, dass Ihr Hund das „Platz“ nicht verlassen muss, um die Belohnung entgegenzunehmen.

<u>Schritt 5</u>: Legt Ihr Hund schließlich den Kopf ab, loben Sie deutlich und bauen Sie in den nächsten Durchgängen das gewünschte Kommando ein.

Tipps, Tricks und Hinweise:

Das Ablegen des Kopfes ist in Hundesprache ein Zeichen der Unterwürfigkeit. Zu Beginn wird es Ihrem Hund leichter fallen, den Kopf abzulegen, wenn Sie in ruhiger und entspannter Umgebung trainieren.

Aktivität 92
„Zieh"/Schublade öffnen
(Indoor/Outdoor)

Diese Aktivität ist eine tolle Grundlage für weitere Tricks und Übungen. Ziel ist es, dass Ihr Hund auf Kommando an einem bestimmten Gegenstand zieht, um etwa eine Schublade zu öffnen.

Altersempfehlung: ab 6 Monaten

Empfohlene Übungsdauer:

- Etwa fünf bis zehn Minuten pro Session
- Mehrmals täglich für zwei bis drei Tage

Was wird benötigt?

- Eine Schublade
- Ein Stück Seil
- Clicker
- Leckerli

<u>Schritt 1</u>: Bringen Sie das Stück Seil so an einer Schublade an, dass sich diese öffnet, sobald man am Seil zieht. Rufen Sie Ihren

Hund zu sich und weisen Sie ihn gegebenenfalls auf dieses Seil hin.

Schritt 2: Bestätigen Sie jegliche Annäherung an das Seil: Blickkontakt, Schnüffeln, Hineinbeißen.

Schritt 3: Sobald Ihr Hund an dem Seil zieht, loben Sie ihn überschwänglich.

Schritt 4: Etablieren Sie das gewünschte Signal.

Tipps, Tricks und Hinweise:

Um es einfacher zu gestalten, Ihre Möbel zu schonen oder um zu vermeiden, dass Ihr Hund lernt, Schubladen zu öffnen, entscheiden Sie sich für eine Alternative. Um Ihrem Hund das Kommando „Zieh" beizubringen, genügt es auch, wenn Sie das Seil in Ihren Händen halten.

Spielt Ihr Hund gern Zergelspiele, können Sie es sich auch einfach machen: Clicken Sie beim gemeinsamen Spiel dann, wenn Ihr Hund am Spielzeug zieht und bauen Sie das gewünschte Signal ein.

Aktivität 93
„Hundehütte“
(Indoor/Outdoor)

Eine weitere schöne Aktivität für Ihre Trickkiste: Ihr Hund soll sich so zwischen Ihre Beine stellen, dass diese eine Hundehütte darstellen. Um in diese Position zu gelangen, ist so einiges an Hirnleistung gefragt. Ihr Hund sollte schon etwas mehr Erfahrung im freien Formen mitbringen.

Altersempfehlung: ab 6 Monaten

Empfohlene Übungsdauer:

- Etwa fünf bis zehn Minuten pro Session
- Mehrmals täglich für zwei bis drei Tage

Was wird benötigt?

- Clicker
- Leckerli

Schritt 1: Nehmen Sie den Clicker zur Hand, rufen Sie Ihren Hund zu sich und stellen Sie sich breitbeinig in den Raum.

Schritt 2: Bestätigen Sie jegliche Art von Annäherung: Blickkontakt, auf Sie Zugehen, Schnüffeln, durch die Beine Laufen.

Schritt 3: Werden Sie genauer mit Ihren Bestätigungen und clicken Sie nur, wenn der Hund so unter Ihnen steht, dass er in dieselbe Richtung schaut wie Sie.

Schritt 4: Etablieren Sie das gewünschte Signal.

Aktivität 94

Freies Formen für Fortgeschrittene (Indoor)

Im Folgenden sehen Sie, wie komplex eine Aktivität im freien Formen sein kann, wenn Ihr Hund das Prinzip verstanden hat. In diesem Fall soll der Hund eine Schublade öffnen, einen Gegenstand herausnehmen und diesen zu Ihnen bringen. Als einfaches Beispiel wählen wir hierfür einen Dummy. Bedenken Sie jedoch, wie konzentriert ein Hund hierfür arbeiten muss und achten Sie auf Anzeichen von Stress und Überforderung.

Altersempfehlung: ab 12 Monaten

Empfohlene Übungsdauer:

- Etwa zehn Minuten pro Session
- Mehrmals täglich für zwei bis drei Tage

Was wird benötigt?

- Ein Stück Seil
- Dummy
- Clicker
- Leckerli

Schritt 1: Befestigen Sie ein Stück Seil so an einer Schublade, dass Ihr Hund diese durch Ziehen am Seil leicht öffnen kann. Legen Sie den Dummy in die Schublade und beginnen Sie mit dem freien Formen.

Schritt 2: Bestätigen Sie zuerst jegliches Interesse am Seil: Blickkontakt, Annäherung, Beschnüffeln, ins Maul Nehmen, Ziehen.

Schritt 3: Sobald Ihr Hund die Schublade geöffnet hat, clicken Sie für Interesse am Inhalt. Kennt Ihr Hund Apportierübungen mit dem Dummy, wird er diesen direkt zu Ihnen bringen. In diesem Fall clicken Sie nicht die einzelnen Zwischenschritte; dies würde Ihren Hund nur unterbrechen.

Schritt 4: Sobald der Dummy in Ihren Händen landet, ist die Aktivität beendet. Lösen Sie die Situation auf und loben Sie Ihren Vierbeiner ausgiebig.

Tipps, Tricks und Hinweise:

Möchten Sie diese Aktivität zu einem Kommando machen, steigen Sie langsam auf den Gegenstand um, den Ihr Hund tatsächlich holen soll und bauen Sie das gewünschte Kommando ein. Stellen Sie sich das Gesicht Ihrer Freunde vor, wenn Sie Ihren Hund auffordern: „Hol mir ein Paar Socken!" und dieser tatsächlich losflitzt und mit einem frischen Paar Socken zurückkehrt.

Aktivität 95
Blumenriechen
(Indoor/Outdoor)

Ein toller Trick für bezaubernde Fotos ist das Blumenriechen. Ziel ist es, dass Ihr Hund seine Nase auf Kommando an eine Blume hält, als würde er daran schnuppern wollen.

Altersempfehlung: ab 6 Monaten

Empfohlene Übungsdauer:

- Etwa fünf Minuten pro Session
- Mehrmals täglich für zwei bis drei Tage

Was wird benötigt?

- Eine Stoffblume
- Clicker

- Leckerli

<u>Schritt 1</u>: Nehmen Sie Stoffblume und Clicker zur Hand und rufen Sie Ihren Hund zu sich. Die Blüte der Stoffblume sollte zum Hund zeigen.

<u>Schritt 2</u>: Clicken Sie für jede Annäherung Ihres Hundes. Versuchen Sie jedoch, nicht über das Schnuppern hinaus zu bestärken.

<u>Schritt 3</u>: Da Hunde neue Dinge für gewöhnlich zuallererst mit der Nase untersuchen, wird Ihr Hund das gewünschte Verhalten vermutlich sehr schnell zeigen. Führen Sie aus diesem Grund zeitig das gewünschte Kommando, zum Beispiel „riech mal!“, ein und loben Sie ihn ausführlich.

<u>Schritt 4</u>: Sobald Ihr Hund das Kommando beherrscht, können Sie die Aktivität auf echte Blumen ausweiten.

Tipps, Tricks und Hinweise:

Achten Sie bei echten Pflanzen unbedingt darauf, dass Sie Ihren Hund nur an Blumen riechen lassen, die sicher für ihn sind. Pusteblumen oder Pflanzen mit Dornen können zu Verletzungen führen und sollten daher gemieden werden.

Als Erweiterung ist es außerdem möglich, die Aktivität so auszuweiten, dass Ihr Hund die Blume am Stiel im Maul hält. Hierbei sollten Sie jedoch bedenken, dass Ihr Hund wilde Butterblumen vielleicht nicht von Ihren geliebten Orchideen unterscheidet.

Aktivität 96
Music-Maker
(Indoor/Outdoor)

Diese Aktivität erfordert nicht nur die übliche Konzentration, die Ihr Hund beim Clickertraining benötigt, sondern stärkt obendrein die Impulskontrolle. Ihr Hund soll auf einem Kinder-Keyboard spielen. Zum Clicker kommen also zusätzlich Geräusche durch das Musikgerät.

Altersempfehlung: ab 6 Monaten

Empfohlene Übungsdauer:

- Etwa fünf Minuten pro Session
- Gelegentlich

Was wird benötigt?

- Ein Kinder-Keyboard (oder ein ähnliches Musikspielzeug für Kinder)
- Clicker
- Leckerli

Schritt 1: Legen Sie das Keyboard auf den Boden, nehmen Sie den Clicker zur Hand und rufen Sie Ihren Hund dazu.

Schritt 2: Clicken Sie für jegliche Annäherung an das Musikinstrument: Blickkontakt, Beschnuppern, Anstupsen etc.

Schritt 3: Sobald Ihr Hund das Keyboard mit den Pfoten so berührt, dass Geräusche entstehen, loben Sie ihn überschwänglich und führen Sie das Kommando ein, zum Beispiel „Spiel Musik!“.

Schritt 4: Ziel ist es nun, dass Ihr Hund nicht nur einen sondern mehrere Töne nacheinander spielt.

Tipps, Tricks und Hinweise:

Damit sich Ihr Hund nicht vor den Geräuschen erschrickt und Meideverhalten entwickelt, sollten Sie ihn vorab mit dem Instrument vertraut machen. Drücken Sie die Tasten selbst und geben Sie Ihrem Hund ein paar Leckerli, damit er den Ton mit etwas Positivem verknüpft.

Aktivität 97

Rollen und Schieben

(Indoor/Outdoor)

Diese Aktivität ist eine Grundlage für eine Vielzahl weiterer Denkspiele. Ziel ist es, dass Ihr Hund bestimmte Gegenstände mit der Nase vor sich herschiebt – beziehungsweise rollt.

Altersempfehlung: ab 6 Monaten

Empfohlene Übungsdauer:

- Etwa fünf Minuten pro Session
- Zwei- bis dreimal pro Woche

Was wird benötigt?

- Ball und Chipsdose (oder etwas Ähnliches, was gerollt werden kann)
- Clicker
- Leckerli

Schritt 1: Nehmen Sie den Clicker zur Hand und platzieren Sie den Ball auf dem Boden und rufen Sie Ihren Hund zu sich.

Schritt 2: Clicken Sie für jede Annäherung Ihres Hundes an den Ball. Clicken Sie jedoch nicht, wenn er über das Ziel hinausschießt und den Ball ins Maul nimmt.

<u>Schritt 3</u>: Bestärken Sie Ihren Vierbeiner gezielt, wenn er den Ball mit der Nase voranschiebt und etablieren Sie das gewünschte Kommando.

<u>Schritt 4</u>: Generalisieren Sie das Kommando, indem Sie die Aktivität nach einiger Zeit mit einer Chipsdose wiederholen. Auch diese soll der Hund vor sich herschieben.

Tipps, Tricks und Hinweise:

Auf Grundlage dieser Aktivität können Sie Ihrem Hund viele herausfordernde Denkspiele anbieten. Hier ein paar Beispiele:

- Ausrollen einer Yoga-Matte
- Den Ball aus einem am Boden liegenden Reifen herausschieben
- Den Ball in einen auf dem Boden liegenden Reifen schieben
- Den Ball in ein Tor oder durch einen Tunnel rollen

🐶 Aktivität 98 🐶

Kreativitätsübung (Indoor/Outdoor)

Kreativitätsübungen haben kein konkretes Ziel, sondern sollen, wie der Name schon sagt, die Kreativität Ihres Hundes fördern. Sie eignen sich perfekt für den Einstieg ins Clickertraining, sind jedoch auch für erfahrene Hunde geeignet. Ihr Hund soll mit oder ohne Gegenstand verschiedene Verhaltensweisen anbieten, welche Sie je nach Bedarf verstärken.

Altersempfehlung: ab 6 Monaten

Empfohlene Übungsdauer:

- Etwa fünf Minuten pro Session

- Gelegentlich

Was wird benötigt?

- Clicker
- Verschiedene Gegenstände

Schritt 1: Nehmen Sie den Clicker zur Hand und rufen Sie Ihren Hund zu sich. Diese Aktivität kann mit oder ohne weitere Gegenstände durchgeführt werden.

Schritt 2: Clicken Sie für sämtliche Verhaltensweisen, die Ihr Hund anbietet. Achten Sie hierbei darauf, dieselbe Verhaltensweise nicht allzu oft zu bestätigen, damit Ihr Hund diese nicht vertieft, sondern Alternativen anbietet.

Schritt 3: Üben Sie so lange, wie Sie und Ihr Hund Spaß an der Aktivität haben und sorgen Sie für ein positives Ende der Übung.

Tipps, Tricks und Hinweise:

Eine beliebte Aktivität ist die „101 Dinge Kiste“, bei der Ihr Hund anhand eines Kartons verschiedene Verhaltensweisen zeigt. Doch auch ein einfacher Stuhl bietet allerlei Möglichkeiten. Geben Sie Ihrem Hund einfach die Chance zu zeigen, was er kann.

Aktivität 99
„Mach was anderes"
(Indoor/Outdoor)

Die Aktivität „Mach was anderes" oder auch „Weiter" ist nur etwas für sehr Clicker-erfahrene Hunde und sollte immer nur für wenige Minuten durchgeführt werden. Ziel ist es, dass Ihr Hund zum Nachdenken angeregt wird und Ihnen nacheinander verschiedene Verhaltensweisen und Tricks anbietet. Dies ist eine tolle Aktivität für zwischendurch, um Ihren Hund in kürzester Zeit stark herauszufordern.

Altersempfehlung: ab 12 Monaten

Empfohlene Übungsdauer:

- Etwa zwei bis drei Minuten pro Session
- Gelegentlich

Was wird benötigt?

- Clicker
- Leckerli

Schritt 1: Nehmen Sie den Clicker zur Hand und rufen Sie Ihren Hund zu sich.

Schritt 2: Ab jetzt clicken Sie immer dann, wenn Ihr Hund ein neues Verhalten anbietet. Haben Sie bereits für „Sitz" geclickt, bestätigen Sie dieses Verhalten also nicht erneut.

Schritt 3: Sobald Sie bemerken, dass Ihr Hund an seine Grenzen gerät, sollten Sie die Aktivität positiv beenden. Dies kann zu Beginn bereits nach einer Minute der Fall sein. Ziel ist es, Ihren Hund zum Nachdenken anzuregen. Hat er den Zweck der Aktivität verstanden, wird er von Mal zu Mal kreativer werden.

~ Kapitel 4 ~

Bonusteil - Denkspiele für willensstarke Hunde

Viele der bisherigen Denkspiele sind darauf ausgelegt, dass Ihr Hund gehorsam ist, gut mitarbeitet und selten aus der Reihe tanzt. In diesem Kapitel zeigen wir Ihnen eine Auswahl an Übungen, die besonders für Hunde geeignet sind, die einen starken Willen haben und oft als **schwer erziehbar**, faul oder stur bezeichnet werden. Diese Tatsache schließt nicht aus, dass die Übungen auch mit jedem anderen Hund durchgeführt werden können. Zuvor müssen wir jedoch klären, welche Hunde damit gemeint sind. Hunde können aus verschiedenen Gründen schwer zu erziehen sein:

Rasse- und Charakterbedingt: Einige Hundecharaktere und -rassen haben von Natur aus eine starke Willenskraft, einen hohen Jagdtrieb oder Probleme, sich unterzuordnen. Zu den schwer erziehbaren Hunderassen gehören unter anderem: Dackel, Chihuahuas, Afghanen, Chow-Chows, Basenjis, Huskys, Beagle und Jack Russell Terrier.

Bedingt durch Vorerfahrungen: Hat ein Hund besonders in seiner Welpenzeit negative Erfahrungen gesammelt, ist nicht wohlbehütet aufgewachsen und hat keine liebevolle Erziehung genossen, kann ihn dies für den Rest seines Lebens prägen.

Während einige Hunde launisch sind, sich sehr willensstark stellen oder Ihrem Besitzer auf der Nase herumtanzen, stellen andere ein ernsthaftes Problem dar. Neigt Ihr Hund nämlich zum Jagen oder reagiert aggressiv auf Artgenossen oder Menschen, sollten Sie schnellstmöglich handeln…

…**und einen professionellen Hundetrainer aufsuchen!**

Bitte holen Sie sich Hilfe beim Tierarzt, um auszuschließen, dass das Verhalten durch unbekannte Schmerzen und Erkrankungen hervorgerufen wird. Ebenso sollten Sie Kontakt zu einen professionellen Hundetrainer aufnehmen. Folgende Übungen dienen nur als kleine Stütze und können die Arbeit eines Tierarztes und Hundetrainers nicht ersetzen.

Eines haben schwer erziehbare Hunde gemeinsam: Sie benötigen im Training deutlich mehr Aufmerksamkeit, Geduld und Liebe. Aus diesem Grund haben wir hier einige Übungen zusammengefasst, welche im Umgang mit Problemhunden wichtig sind. Besonders schwierigen Hunden wird bei diesen Übungen so einiges an Konzentration abverlangt, wodurch Ihr Hund mental stark ausgelastet wird.

Bonusaktivität 1

Name üben

(Indoor/Outdoor)

Was bei einfachen Hunden ganz nebenher passiert, muss mit einem schwer erziehbaren Hund intensiv erarbeitet werden. Dazu gehört auch, dass Ihr Hund richtig auf seinen Namen hört. Richtig bedeutet: Auf Ihren Ruf hin wendet sich Ihr Hund Ihnen zu und nimmt Blickkontakt auf. Die korrekte Ausführung ist wichtig, um Ihren Hund auch in schwierigen Situationen ansprechbar zu machen.

Altersempfehlung: Von Beginn an

Empfohlene Übungsdauer:

- Etwa fünf Minuten pro Session
- Mindestens einmal täglich

Was wird benötigt?

- Leckerli

Schritt 1: Beginnen Sie in einer gewohnten und entspannten Umgebung. Rufen Sie Ihren Hund. Wendet sich dieser Ihnen zu und nimmt Blickkontakt auf, loben Sie ihn intensiv und belohnen Sie ihn mit einem Leckerli.

Schritt 2: Wiederholen Sie die Aktivität regelmäßig und steigern Sie langsam die Ablenkung. Nach der Wohnung üben Sie im Treppenhaus, beim Spaziergang, im Park, in der Stadt und so weiter. Ihr Hund soll auch unter starker Ablenkung noch ansprechbar sein. Dafür muss er seinen Namen mit etwas Positiven verknüpfen: Also loben und belohnen Sie, was das Zeug hält!

Tipps, Tricks und Hinweise:

Ihr Hund reagiert auf seinen Namen, schaut Ihnen aber nicht ins Gesicht? Probieren Sie Folgendes: Sobald Ihr Hund nach dem Rufen zu Ihnen schaut, sorgen Sie dafür, dass er auf ein Leckerli in Ihrer Hand achtet. Bewegen Sie dieses nun langsam vor Ihr Gesicht. Folgt er Ihnen bis hierhin, loben Sie ihn überschwänglich. Bauen Sie diese Hilfestellung später nach und nach wieder ab.

Bonusaktivität 2
Das Schleckspiel
(Outdoor)

Schwererziehbare Hunde neigen häufig dazu, zuzubeißen, selbst wenn sie eigentlich nur ein Leckerli entgegennehmen wollen. Mit diesem Spiel lernt Ihr Vierbeiner, bei der Leckerliannahme sanft vorzugehen.

Altersempfehlung: ab 12 Wochen

Empfohlene Übungsdauer:

- Etwa fünf Minuten pro Session
- Zwei- bis dreimal pro Woche

Was wird benötigt?

- Leckerli aus der Tube (Leberwurst, Joghurt, ...)

Schritt 1: Platzieren Sie Ihren Hund vor sich und präsentieren Sie ihm die Leckerli-Tube. Wählen Sie zu Beginn eine reizarme Umgebung.

Schritt 2: Vermutlich wird Ihr Hund direkt hineinbeißen, an der Öffnung herumkauen und schnell frustriert sein, dass er nicht an den leckeren Inhalt gelangt.

Schritt 3: Sobald Ihr Hund auch nur für den Hauch einer Sekunde seine Zunge anstelle seiner Zähne einsetzt, loben Sie ihn und pressen Sie etwas aus der Tube heraus.

Schritt 4: Mit der Zeit wird Ihr Hund lernen, dass er auf dem sanften Weg schneller an sein Ziel kommt.

Tipps, Tricks und Hinweise:

Wenn die Annahme des Leckerli keine ernsthafte Gefahr für Sie darstellt, können Sie die Aktivität mit einem Leckerli in Ihrer Hand fortführen. Knabbert Ihr Hund wild an dem Leckerli oder Ihrer Hand herum, bleiben Sie ruhig und halten das Leckerli fest. Versuchen Sie Ihren Hund zusätzlich verbal zu beruhigen. Auch hier geben Sie das Leckerli frei, sobald Ihr Hund seine Zunge einsetzt.

Bonusaktivität 3
Maulkorb tragen
(Indoor/Outdoor)

Stellt Ihr Hund eine Gefahr für Artgenossen oder sogar andere Menschen dar, sollte er zur Sicherheit einen Maulkorb tragen, wenn er in Kontakt mit diesen geraten kann. Haben Sie das Maulkorbtragen gründlich geübt, stellt dies weder eine Einschränkung noch ein Problem für Ihren Hund dar. Diese Aktivität erfordert eine große Menge an Konzentration und Impulskontrolle; schließlich soll sich Ihr Hund daran gewöhnen, dass plötzlich ein fremder Gegenstand in seinem Gesicht klebt.

Wichtig: Lassen Sie sich bei der Wahl des richtigen Maulkorbs professionell beraten! Ihr Hund sollte mit diesem problemlos hecheln und trinken können. Von Vorteil ist es außerdem, wenn Ihr Hund Leckerli durch den Maulkorb aufnehmen kann.

Altersempfehlung: ab 6 Monaten; dieses Training empfiehlt sich auch für Hunde, die üblicherweise keinen Maulkorb benötigen. So sind Sie auf Situationen vorbereitet, in denen Sie doch einen Maulkorb tragen müssen wie etwa beim Tierarzt oder im Zug.

Empfohlene Übungsdauer:

- Etwa fünf Minuten pro Session
- Zwei- bis dreimal pro Woche

Was wird benötigt?

- Ein gutsitzender Maulkorb
- Besondere Leckerli, Hundeleberwurst

<u>Schritt 1</u>: Geben Sie ein besonderes Leckerli in den Maulkorb und rufen Sie Ihren Hund. Steckt dieser seine Schnauze in den Maulkorb, um an das Leckerli zu gelangen, loben Sie ihn.

Schritt 2: Nun soll die Zeit verlängert werden, in der die Hundenase im Maulkorb steckt. Hierfür können Sie Leckerli im Maulkorb verkanten, das Ende des Maulkorbs mit Leberwurst bestreichen oder die Öffnung der Tube Hundeleberwurst direkt durch den Maulkorb stecken.

Schritt 3: Klappt es bis hierhin gut, beginnen Sie nun, die Riemen des Maulkorbs beim Training vorsichtig über den Kopf Ihres Hundes zu legen. Verlängern Sie die Dauer allmählich.

Schritt 4: Fühlt sich hier Hund wohl, nehmen Sie jetzt die stützende Hand am Maulkorb weg und schließen Sie diesen locker am Hinterkopf Ihres Hundes.

Schritt 5: Steigern Sie die Zeit, in denen Ihr Hund den Maulkorb trägt, in kleinen Schritten. Beenden Sie die Aktivität jeweils, indem Sie Ihrem Hund ein Leckerli geben und unbemerkt den Maulkorb öffnen.

Schritt 6: Damit es für Ihren Hund zur Gewohnheit wird, den Maulkorb zu tragen, wenden Sie sich nach dem Aufsetzen für einen Moment von ihm ab, anstatt ihn zu beschäftigen. Steigern Sie diese Zeit nach und nach.

Schritt 7: Trägt Ihr Hund den Maulkorb in der Wohnung problemlos, verlagern Sie das Training nach draußen. Beginnen Sie hier wieder mit kürzeren Tragezeiten, welche Sie in Ihre übliche Gassirunde integrieren.

Bonusaktivität 4
Der Leberwurstbaum
(Outdoor)

Besonders für Problemhunde, Hunde, die sich schwer konzentrieren können und daher leicht ablenken lassen und schnell überreizte Hunde, kann diese Aktivität ein wahrer Gamechanger sein. Mit dem Leberwurstbaum sorgen Sie nicht nur dafür, dass Ihr Hund einem Reiz widersteht, sondern diesen zeitgleich mit etwas positivem verbindet. Zeigt Ihr Hund beispielsweise Aggressionen gegen andere Hunde, kann diese Aktivität Ihnen bei der Bewältigung des Problems helfen.

Altersempfehlung: ab 4 Monaten

Empfohlene Übungsdauer:

- wenige Sekunden pro Session
- gelegentlich

Was wird benötigt?

- Hundeleberwurst aus der Tube (Alternativ geht auch Nassfutter oder ähnliches)

Schritt 1: Halten Sie mitten auf dem Spaziergang an einem Baum, setzen Sie Ihren Hund ab und schmieren Sie etwas Leberwurst an den Baum.

Schritt 2: Nach Freigabe muss Ihr Hund überlegen, wie er an die begehrte Leberwurst kommt und darf diese genüsslich vom Baum schlecken.

Schritt 3: Erhöhen Sie die Ablenkung nach und nach, platzieren Sie kleine Kleckse Leberwurst an mehreren Stellen und sorgen Sie dafür, dass Ihr Hund sich anstrengen muss, um an die Leberwurst zu gelangen.

Schritt 4: Besonders dann, wenn Ihr Hund die Aktivität unter starker Ablenkung konzentriert absolviert, sollten Sie ihn zeitgleich loben.

Tipps, Tricks und Hinweise:

In Hinblick auf Aggressionen oder impulsive Handlungen, wie sie bei schwer erziehbaren Hunden häufig vorkommen, hat diese Aktivität zum Ziel, dass der Hund den Auslöser mit etwas Positivem verknüpft und in eine Erwartungshaltung verfällt. Außerdem erlernt er angemessenes Alternativverhalten, wodurch Übersprungshandlungen vorgebeugt wird.

Bonusaktivität 5

Der verflixte Wasserball

(Outdoor)

Diese Aktivität ist vor allem für Wasserratten ein großer Spaß. Bei schwer erziehbaren Hunden besteht häufig das Problem, dass Ihnen die Möglichkeiten der Auslastung ausgehen, da die Hunde nicht abgeleint werden können. Diese Aktivität können Sie bequem an der Schleppleine absolvieren, während Ihr Hund sich im Wasser abkühlt und sein Köpfchen trainiert.

Altersempfehlung: ab 6 Monaten

Empfohlene Übungsdauer:

- Etwa fünf Minuten pro Session
- Gelegentlich

Was wird benötigt?

- Ein großer Ball mit Seil

Schritt 1: Befestigen Sie ein Seil an einem Ball, welcher zu groß ist, als dass Ihr Hund ihn mit dem Maul greifen könnte. Fertige Wasserbälle finden Sie im Tierfachhandel.

Schritt 2: Werfen Sie den Ball ins Wasser und schicken Sie Ihren Hund direkt hinterher.

Schritt 3: Ihr Hund wird nun während des Schwimmens versuchen, den Ball zu greifen, was ihm jedoch nicht gelingen wird. Er muss von selbst auf die Idee kommen, den Ball am Seil zu greifen.

Schritt 4: Hat Ihr Hund den Ball erfolgreich apportiert, loben Sie ihn ausgiebig. Brauchte er hierfür lange, gönnen Sie ihm eine Verschnaufpause.

Tipps, Tricks und Hinweise:

Diese Aktivität kann beliebig variiert werden. Sobald Ihnen ein Gegenstand in die Hand fällt, welcher sich im Wasser schwer greifen lässt, können Sie diesen für die Aktivität verwenden. Spannend wird es auch mit Hundespielzeug, welches sich im Wasser bewegt.

Bonusaktivität 6

Rückwärtslaufen/Folgen
(Indoor/Outdoor)

Egal, wie stur und eigenwillig Ihr Hund ist, früher oder später wird er lernen, Ihnen zu folgen. Diese Aktivität hilft Ihnen, die Konzentration Ihres Hundes auf sich zu lenken und dafür zu sorgen, dass er Ihnen instinktiv folgt.

Altersempfehlung: ab 12 Wochen

Empfohlene Übungsdauer:

- Etwa fünf Minuten pro Session
- täglich

Was wird benötigt?

- Leckerli

Schritt 1: Rufen Sie Ihren Hund zu sich. Während er auf Sie zuläuft, gehen Sie einige Schritte rückwärts. Loben Sie ihn deutlich, wenn er bei Ihnen angekommen ist.

Schritt 2: Beginnen Sie nach einigen Wiederholungen, das Signal „Komm“ einzuführen, sobald Ihr Hund auf Sie zuläuft.

Schritt 3: Steigern Sie den Weg, den Sie zurücklegen, allmählich. Setzen Sie sich hierfür simple Ziele wie die Couch oder die Küche und belohnen Sie Ihren Hund, sobald Sie gemeinsam dort ankommen.

Schritt 4: Verlagern Sie das Training nach draußen und üben Sie unter Ablenkung.

Bonusaktivität 7
„Stopp
(Indoor/Outdoor)

In einer brenzligen Situation kann es von hohem Wert sein, wenn Ihr Hund das Signal „Stopp“ beherrscht. Dieses verlangt von Ihrem Hund, dass er an Ort und Stelle stehenbleibt, bis Sie ihn dort abholen oder das Auflösesignal geben. Befindet sich Ihr Hund beispielsweise im Freilauf oder an der Schleppleine und Ihnen kommt ein Radfahrer entgegen, können Sie Ihren Hund von Weitem dazu bringen, stehen zu bleiben.

Altersempfehlung: ab 6 Monaten

Empfohlene Übungsdauer:

- Etwa fünf bis zehn Minuten pro Session
- Zwei- bis dreimal pro Woche

Was wird benötigt?

- Leckerli

Schritt 1: Im ersten Schritt rufen Sie Ihren Hund zu sich. Sobald er auf dem Weg zu Ihnen ist, reißen Sie einen Arm nach oben (dies ist wichtig, da es später das Sichtzeichen für den Hund darstellt), rufen Sie laut „Stopp“ und werfen das Leckerli über Ihren Hund hinweg, sodass Ihr Hund stoppt, um sich das Leckerli zu holen. Loben Sie beim Stoppen zusätzlich verbal.

Schritt 2: Wiederholen Sie diese Übung, bis Ihr Hund bei dem Signal „Stopp“ stehenbleibt, um auf das Leckerli zu warten. Zögern Sie den Wurf nun langsam heraus.

Schritt 3: Beginnen Sie jetzt, anstatt das Leckerli zu werfen, zu Ihrem Hund zu laufen und ihn aus der Hand zu belohnen. Der Grundstein der Aktivität ist somit gelegt.

Schritt 4: Erhöhen Sie nun die Ablenkung und bauen Sie die Aktivität in Ihren Alltag ein, damit Ihr Hund diese generalisiert.

Tipps, Tricks und Hinweise:

Falls Sie die Aktivität aus Platzgründen oder anderen Gründen nach draußen verlegen wollen, Ihr Hund aber nicht ableinbar ist, gibt es eine ganz einfache Lösung. Nehmen Sie Ihren Hund an die Schleppleine, so erhält er einen Freilauf-ähnlichen Bewegungsradius, welcher sich perfekt für die Aktivität eignet und Ihnen die notwendige Sicherheit gibt.

Aber Achtung: *Die Schleppleine sollte niemals am Halsband des Hundes, sondern an einem Geschirr befestigt werden. Eine am Halsband befestigte Schleppleine birgt eine hohe Verletzungsgefahr.*

Bonusaktivität 8

„Stopp“ für Fortgeschrittene

(Indoor/Outdoor)

Beherrscht Ihr Hund das Kommando „Stopp“ zuverlässig, können Sie daraus großartige Denk- und Konzentrationsspiele machen. Ihr Hund muss einen regelrechten Stopptanz aufführen, um an sein Ziel zu kommen.

Altersempfehlung: ab 12 Monaten

Empfohlene Übungsdauer:

- Etwa zehn Minuten pro Session
- gelegentlich

Was wird benötigt?

- Leckerli
- Ein beliebtes Spielzeug

Schritt 1: Werfen Sie ein Spielzeug und geben Sie dieses für Ihren Hund frei. Mitten auf dem Weg geben Sie Ihrem Hund plötzlich das Stopp-Signal. Bleibt dieser stehen, loben Sie ihn ausgiebig und geben Sie das Spielzeug frei.

Schritt 2: Wiederholen Sie die Aktivität und bauen Sie mehrere Stopp-Kommandos ein, sodass Ihr Hund das Ziel Schritt für Schritt erreicht. Denken Sie nach jedem Stopp daran, das Auflösesignal zu erteilen.

Tipps, Tricks und Hinweise:

Sollte das Spielzeug einen zu großen Reiz für Ihren Hund darstellen, können Sie auch ein unspektakuläres Leckerli vor seinen Augen platzieren und dieses freigeben. Scheitern Sie auch hier, beginnen Sie das Training an der Leine.

Bonusaktivität 9

Futterdummy trotz Schleppleine (Outdoor)

Zu den beliebtesten Denkspielen gehören die verschiedenen Übungen mit dem Futterdummy. Sollte Ihr Hund zu der Sorte gehören, die nicht ohne Weiteres von der Leine gelassen werden kann, müssen Sie keineswegs auf Dummy-Übungen verzichten.

Altersempfehlung: ab 4 Monaten

Empfohlene Übungsdauer:

- Etwa zehn Minuten pro Session
- Zwei- bis dreimal pro Woche

Was wird benötigt?

- Futterdummy
- Schleppleine (mindestens zehn Meter)

Schritt 1: Legen Sie Ihrem Hund die Schleppleine an und werfen Sie den Dummy im gegebenen Umkreis.

Schritt 2: Holt Ihr Hund den Dummy zuverlässig, belohnen Sie ihn mit dessen Inhalt.

Tipps, Tricks und Hinweise:

Neigt Ihr Hund dazu, schnell die Konzentration zu verlieren, füllen Sie den Dummy mit besonders stark duftenden Leckerli. Je stärker der Reiz, desto leichter fällt es Ihrem Hund, die Konzentration zu halten.

Bonusaktivität 10

Suchspiel mit Schleppleine

(Outdoor)

Auch Suchspiele an der Schleppleine sind möglich; hier ist jedoch etwas Kreativität gefragt. Wählen Sie für diese Aktivität einen Ort, der reichlich Hindernisse bietet und lassen Sie sich Zeit beim Verstecken.

Altersempfehlung: ab 4 Monaten

Empfohlene Übungsdauer:

- Etwa zehn Minuten pro Session
- Ein- bis zweimal pro Woche

Was wird benötigt?

- Schleppleine (mindestens zehn Meter)
- Futterdummy

Schritt 1: Bringen Sie Ihren Hund ins „Platz“; dies schränkt seine Sicht etwas mehr ein als das „Sitz“. Je nach Gegebenheiten können Sie Ihren Hund so platzieren, dass seine Sicht etwas versperrt wird.

Schritt 2: Lassen Sie sich beim Verstecken des Dummys Zeit. Laufen Sie hin und her und tun Sie an mehreren Stellen so, als würden Sie etwas verstecken. So kann sich Ihr Hund nicht am Gehörten oder Gesehenen orientieren.

Schritt 3: Geben Sie Ihrem Vierbeiner das „Such“-Kommando. Findet und apportiert er den Dummy, belohnen Sie ihn mit dessen Inhalt. Laufen Sie ihm bei der Suche gegebenenfalls nach, sollte er den Radius der Schleppleine übertreten.

Tipps, Tricks und Hinweise:

Ist Ihr Hund gut mit der Schleppleine vertraut, können Sie für das Suchspiel auch auf eine Länge von 20 Metern umsteigen. Zum Erhöhen der Schwierigkeit seien Sie kreativ bei der Wahl der Location. Spannende Orte für Suchspiele sind:

- Park
- Wald
- Verlassene Spielplätze

Schlusswort

Wie Sie nun sicher wissen, ist die mentale Auslastung Ihres Vierbeiners mindestens genauso wichtig wie die körperliche. Ein geistig gut geförderter Hund ist ausgeglichen, kann sich entspannen und neigt seltener zu Übersprungshandlungen und problematischem Verhalten wie dem Zerkauen von Dingen. Mental geförderte Hunde können besser Strategien zur Selbstregulation und zur Problemlösung entwickeln. Auf Basis der grundlegenden Übungen, welche zu Beginn beschrieben werden, können verschiedenste Denk- und Intelligenzspiele eingeführt werden. Denkspiele eignen sich außerdem zur Stärkung des Selbstbewusstseins, Überwindung von Ängsten und zum Festigen der Bindung zwischen Hund und Mensch.

Die Auswahl und der Aufbau der Übungen in diesem Buch sind durchdacht und auch in der Praxis einfach umsetzbar. Denkspiele sollten leicht in den Tag integriert werden können und keine große Vorbereitung benötigen. Dies ist bei den meisten Übungen gegeben, sodass Sie und Ihr Hund direkt mit dem Denksport loslegen können. Obendrein wird Rücksicht auf schwer erziehbare Hunde genommen, sodass jede Aktivität problemlos an die Fähigkeiten Ihres Hundes angepasst werden kann. In den jeweiligen Übungen finden Sie konkrete Tipps zur Lösung von aufkommenden Problemen.

Besonders beim Training von Welpen und Junghunden sollten Sie daran denken, dass nicht jeder Hund gleich schnell und auf dieselbe Art und Weise lernt. So hängt es zum Beispiel von der Rasse und dem Charakter Ihres Hundes ab, wie schnell er lernt und wie viel Förderung er benötigt. Achten Sie hierbei immer auf Anzeichen von Über- oder Unterforderung und handeln Sie entsprechend. Das Training mit Welpen und Junghunden erfordert eine gehörige Portion Geduld und sensibles Vorgehen, da sie in dieser Zeit für das ganze Leben geprägt werden. Aus diesem Grund sollten Sie stets liebevoll und konsequent handeln und auf Strafen und Maßregelungen verzichten. So entwickelt Ihr Hund ein gesundes Vertrauen in den Menschen und eine starke Bindung zu Ihnen als Besitzer.

Die Erkenntnisse dieses Ratgebers beruhen auf dem aktuellen Stand der Wissenschaft. Ziel ist es, die Erziehung und Entwicklung Ihres Hundes zu unterstützen und Sie und Ihren Hund zu einem Team zu formen. Bei schwerwiegenden Aggressionsproblemen oder Verhaltensauffälligkeiten empfehlen wir das Hinzuziehen eines Tierarztes oder Hundetrainers. Besonders im Welpen- und Junghundealter können schwerwiegende und langfristige Folgen durch professionelles Training verhindert werden.

Und nun viel Spaß beim gemeinsamen Erforschen der verschiedenen Übungen und dem Zusammenwachsen zu einem starken, ausgeglichenen und cleveren **Mensch-Hund-Team!**

Zu guter Letzt bleibt noch zu sagen:

Viel Spaß beim Training und beim Zusammenwachsen zu einem starken **Mensch-Hund-Team!**

Vielen Dank

Wir hoffen, Ihnen hat das Buch gefallen. Haben Sie Fragen, Anregungen oder Feedback, dann senden Sie gerne eine E-Mail an Info@siimpo.de.

Ebenso freuen wir uns über eine Bewertung auf Amazon.

QR-Code und Link zur Bewertungsseite amzn.to/3CPelYV

Quellenangaben

M. Sommer, 2022, *Impulskontrolle & Frustrationstoleranz bei Hunden* (1. Auflage), BM SiiMPO Verlag

J. Fleischmann, *55 Hunde Spiele: Beschäftigung, Denkspiele, Schnüffelspiele für Hunde* (o. J.), in: https://hunde-spiele.eu/ (Stand: Februar 2023)

A. Bucher, *15 Anzeichen, an denen du Überforderung beim Hund erkennst* (o. J.), in: https://annebucher.com/blog/15-anzeichen-fuer-ueberforde (Stand: März 2023)

C. Sondermann, *SPASS-MIT-HUND* (o. J.), in: https://spass-mit-hund.de (Stand: März 2023)

Denkspiele für Hunde: Denn die mentale Gesundheit ist so wichtig (o. J.), in: https://info-hund.de/denkspiele-hunde/ (Stand: Februar 2023)

Intelligente Hunderassen (2021), in: https://www.mein-haustier.de/magazin/intelligente-hunderassen/ (Stand: März 2023)

Die Entwicklungsphasen (o. J.), in: https://welpen.vdh.de/ratgeber/die-entwicklungsphasen (Stand: April 2023)

Die Entwicklung des Hundes vom Welpen zum erwachsenen Hund (o. J.), in: https://bozita.com/de/leben-mit-hund/entwicklung-deines-hundes/die-entwicklung-des-hundes-vom-welpen-zum-erwachsenen-hund/ (Stand: März 2023)

Aktivitätenverzeichnis

Haftungsausschluss

Dieses Buch enthält Meinungen und Ideen des Autors und hat die Absicht, Menschen hilfreiches und informatives Wissen zu vermitteln. Die enthaltenen Strategien passen möglicherweise nicht zu jedem Leser, und es gibt keine Garantie dafür, dass sie auch wirklich bei jedem funktionieren. Die Benutzung dieses Buchs und die Umsetzung der darin enthaltenden Informationen erfolgen ausdrücklich auf eigenem Risiko. Haftungsansprüche gegen den Autor für Schäden materieller oder ideeller Art, die durch die Nutzung oder Nichtnutzung der Informationen bzw. durch die Nutzung fehlerhafter und/oder unvollständiger Informationen verursacht wurden, sind ausdrücklich ausgeschlossen. Das Werk, inklusive aller Inhalte, gewährt keine Garantie oder Gewähr für Aktualität, Korrektheit, Vollständigkeit und Qualität der bereitgestellten Informationen. Druckfehler und Fehlinformationen können nicht vollständig ausgeschlossen werden.

Impressum

Ungekürzte Ausgabe 2022 – 1. Auflage: Juli 2022

ISBN: 978-3-9824677-7-1

Autor wird vertreten durch:
Marklet, Jessica Scollo, Luise-Zietz Str. 116, 12683 Berlin, DE,
Info@siimpo.de, Steuernr. 33/529/01238,
Ust.Id DE343186079

Stockbilder: Depositphotos.com
Illustrationen: Wasiq-designs
Buchsatz: Hamza_books
Druck: Amazon Deutschland oder Partner

Made in United States
North Haven, CT
10 November 2026

22091243R00109